U0268783

苹果产地环境质量监测与评价

庞荣丽　薛敏生　郭琳琳　王彩霞　谢汉忠　等　著

黄河水利出版社

·郑　州·

内 容 提 要

本书结合作者团队近几年的研究成果,以豫、晋、陕三省交界处的苹果产区 L 市为例,借助产地环境质量评价技术,全面掌握苹果产地环境质量状况,完善物联网追溯系统质量安全数据,为引导企业标准化生产,支撑政府监管,推进苹果产业绿色发展,最终实现果业增效提供技术支撑。

本书兼具理论性、资料性及实践性,可供高校、科研单位、生产企业科研人员及相关技术部门的专业技术人员阅读参考。

图书在版编目(CIP)数据

苹果产地环境质量监测与评价 / 庞荣丽等著.
郑州：黄河水利出版社,2024. 9.　-- ISBN 978-7-5509-4023-9

Ⅰ. S661. 1；X822. 1

中国国家版本馆 CIP 数据核字第 2024RN0507 号

组稿编辑：王志宽　电话：0371-66024331　E-mail：278773941@ qq. com

责任编辑　郭　琼　　　　　责任校对　杨秀英
封面设计　黄瑞宁　　　　　责任监制　常红昕
出版发行　黄河水利出版社
　　　　　地址：河南省郑州市顺河路 49 号　邮政编码：450003
　　　　　网址：www. yrcp. com　E-mail：hhslcbs@ 126. com
　　　　　发行部电话：0371-66020550
承印单位　河南新华印刷集团有限公司
开　　本　787 mm×1 092 mm　1/16
印　　张　7.75
字　　数　184 千字
版次印次　2024 年 9 月第 1 版　　2024 年 9 月第 1 次印刷
定　　价　65.00 元

《苹果产地环境质量监测与评价》
撰写委员会

（按姓氏笔画排名）

王改丽　王彩霞　王瑞萍　田发军

乔成奎　芦俊锋　李　君　李　享

张颖杰　周真真　庞　涛　庞荣丽

姚好朵　袁国军　党　琪　郭琳琳

谢汉忠　潘芳芳　薛敏生

前　言

　　苹果是世界上种植面积最广、产量最高的水果之一,在现代农业生产中占据着举足轻重的地位。我国苹果产业近10年来种植面积稳定在2 900万亩以上,2022年栽培面积近3 000万亩、产量近5 000万t,苹果产量及消费规模均居全球首位。我国苹果种植区域广阔,经纬度跨度大,依据各地区生态环境可分为黄土高原产区(陕、晋、豫西、甘、宁)、渤海湾产区(鲁、冀、辽、京和津)、黄河故道产区(苏、豫东、皖)、西南产区(云、贵、川、藏)、新疆产区和东北产区(黑、吉和内蒙古)6个产区。L市位于豫、晋、陕三省交界处,属暖温带大陆性半湿润季风型气候,四季分明,苹果优势产区海拔在800~1 210 m,昼夜温差大,自然条件得天独厚。为贯彻国家乡村振兴、绿色高质量发展等国家战略,助力苹果产业发展,本团队近年来围绕苹果等果品产地环境土壤健康条件监测及评价等开展了系统研究,集成的评价技术在苹果主产区进行应用过程中,积累了大量的一手资料。为了让社会共享这些成果,本团队以L市苹果为实例,将这些成果整理撰写成书并出版,以期为支撑政府监管,引导企业标准化生产,促进果品产业可持续发展提供参考。

　　本书共分为5章。第1章着重阐述了我国苹果种植及生态区域分布情况,介绍了开展苹果产地环境质量监测与评价的必要性及基本模式。第2章主要阐述了苹果产地环境土壤质量评价过程,采用描述统计的方法分析苹果产地环境土壤中铜、锌、铅、镉、铬、镍、汞、砷等无机污染物含量水平,通过与国家土壤及河南省土壤重金属背景值相比较,评估苹果果园土壤中重金属积累程度及受外界影响程度;对照《绿色食品 产地环境质量》(NY/T 391—2021)及《绿色食品 产地环境调查、监测与评价规范》(NY/T 1054—2021)要求,评价苹果产地环境土壤质量安全现状,给出了土壤质量是否适宜种植绿色食品的建议;同时对照《土壤环境质量 农用地土壤污染风险管控标准(试行)》(GB 15618—2018)要求,对苹果产地环境土壤污染风险分类评价,并给出果园土壤合理利用及安全生产建议。第3章主要阐述了苹果产地环境灌溉水质量评价过程,分析灌溉水中pH、总汞、总镉、总砷、总铅、六价铬、氟化物、化学需氧量、石油类等灌溉水质量安全限制因子含量水平,对照《绿色食品 产地环境质量》(NY/T 391—2021)及《绿色食品 产地环境调查、监测与评价规范》(NY/T 1054—2021),对苹果产地环境灌溉水质量安全作出评价,并给出了灌溉水质量是否适宜种植绿色食品的建议。第4章主要阐述苹果产地环境空气质量评价过程,分析苹果果园空气中总悬浮颗粒物、二氧化硫、二氧化氮、氟化物等空气质量安全限制因子含量水平,并对照《绿色食品 产地环境质量》(NY/T 391—2021)及《绿色食品 产地环境调查、监测与评价规范》(NY/T 1054—2021),对苹果产地环境空气质量安全作出评价,并给出空气质量是否适宜种植绿色食品的建议。第5章主要阐述苹果产地环境土壤基本肥力评价过程,从适宜生长角度,通过描述统计的方法,对苹果果园土壤pH、全氮、有效磷、速效钾等基本肥力指标的含量及变异程度进行分析;按照我国第二次土壤普查分级标准,对苹果果园土壤基本肥力状况进行分级,评估土壤的氮素、磷素及钾素的供应能力;同时参照《绿色食品 产地环境质量》(NY/T 391—2021)及《绿色食品 产地环境调查、监测与评价规范》(NY/T 1054—2021),对苹果果园土壤基本肥力进行分级划定,并给出可持续发展绿色食品的合理施肥建议。

这些分析与评价,对完善苹果产业物联网追溯系统质量安全数据,引导企业标准化生产,支撑政府监管,推进苹果产业绿色发展,最终实现果业增效提供技术支撑意义重大。

本书凝聚了团队全体成员的辛苦劳动,写作过程中参考了许多相关著作与文献,出版过程中黄河水利出版社给予了大力的支持与帮助,在此一并表示感谢!

因时间仓促和作者水平有限,本书难免有疏漏与不妥之处,恳请广大读者及同仁批评指正。

作 者

2024 年 6 月

目 录

目 录

第 1 章　我国苹果种植现状

1.1　我国苹果种植情况

苹果是世界上种植面积最广、产量最高的水果之一,在现代农业生产中占据着举足轻重的地位。我国苹果产业近 10 年来种植面积稳定在 2 900 万亩❶以上,2022 年栽培面积近 3 000 万亩、产量近 5 000 万 t,苹果产量及消费规模均居全球首位。我国苹果种植区域广阔,经纬度跨度大,依据各地区生态环境可分为黄土高原产区(陕、晋、豫西、甘、宁)、渤海湾产区(鲁、冀、辽、京和津)、黄河故道产区(苏、豫东、皖)、西南产区(云、贵、川、藏)、新疆产区和东北产区(黑、吉和蒙)6 个产区,主要集中在黄土高原、环渤海湾等地区,2022 年这两个地区苹果种植面积占全国苹果种植面积的比例分别达 52%、33%。从省域分布来看,24 个省(自治区、直辖市)均涉及苹果的规模化生产,其中,陕西省、甘肃省、山东省、山西省、辽宁省、河北省、河南省、新疆维吾尔自治区、云南省、四川省苹果种植面积位列前 10 名,这 10 个省(自治区)的种植面积和产量合计在全国所占的比重分别为 91.34% 和 95.44%。

1.2　L 市苹果产业基本情况

L 市位于河南省西部边缘,豫、晋、陕三省交界处,属暖温带大陆性半湿润季风型气候,四季分明,年平均日照时数 2 279.1 h,年太阳辐射总量 120.1 kcal/cm,年平均气温 13.3 ℃,年平均降水量 620.4 mm。该市苹果优势产区海拔在 800~1 210 m,昼夜温差大,自然条件得天独厚。近年来,L 市委、市政府举全市之力,把苹果产业作为实施乡村振兴战略、助推脱贫攻坚的主导产业、特色产业和富民产业,坚持"政府引导、农民主导、科学施策、品牌营销"的工作思路,稳面积、调结构、提质量、树品牌,持续提升苹果产业的规模化、组织化、标准化水平,强力推动苹果产业高质量发展。目前,L 市苹果种植总面积 90 万亩,年产量 140 万 t,全市从事苹果产业人数达到了 35 万人。

1.3　开展苹果产地环境质量监测与评价的必要性

独特的地理环境孕育了独特的苹果产品,为贯彻国家乡村振兴、绿色高质量发展等国家战略,助力苹果产业发展,本书围绕 L 市苹果产业,通过监测与评价,全面掌握 L 市苹果产地环境质量安全状况,完善 L 市物联网追溯系统质量安全数据,为支撑政府监管、引

---

❶　1 亩 = 1/15 hm²,下同。

导企业标准化生产、推进 L 市苹果绿色产业发展提供技术支撑,特开展苹果产地环境质量监测与评价工作。

1.4 监测与评价的基本模式

以 L 市为代表,对苹果产地环境土壤、灌溉水、空气质量安全状况及土壤基本肥力状况进行监测与评价。主要内容如下。

1.4.1 苹果产地环境土壤质量评价

本部分以重金属等污染物为评价指标,对 L 市苹果产地环境土壤质量安全进行评价,重点关注土壤 pH 以及铜、锌、铅、镉、铬、镍、汞、砷等无机污染物指标。先从安全生产角度,采用描述统计的方法,分析苹果园土壤中重金属含量水平及变异程度,通过与国家土壤及河南省土壤重金属背景值做比较,评估苹果园土壤重金属积累程度及受外界影响程度;对照《绿色食品 产地环境质量》(NY/T 391—2021)及《绿色食品 产地环境调查、监测与评价规范》(NY/T 1054—2021)要求,对苹果产地环境土壤质量安全作出评价,并对种植业绿色食品的适宜性给出建议;同时对照《土壤环境质量 农用地土壤污染风险管控标准(试行)》(GB 15618—2018)的要求,进行苹果产地环境土壤污染风险分类评价,并给出苹果园土壤合理利用及安全生产建议。

1.4.2 苹果产地环境灌溉水质量评价

本部分以重金属等污染物为评价指标,对 L 市苹果产地环境灌溉水质量安全进行评价,重点关注灌溉水 pH 以及总汞、总镉、总砷、总铅、六价铬、氟化物、化学需氧量、石油类等 9 项基本评价指标。先从安全生产角度,分析苹果园灌溉水中重金属、氟化物等污染物含量水平,同时对照《绿色食品 产地环境质量》(NY/T 391—2021)及《绿色食品 产地环境调查、监测与评价规范》(NY/T 1054—2021),对 L 市苹果产地环境灌溉水质量安全作出评价,并对种植业绿色食品的适宜性提出建议。

1.4.3 苹果产地环境空气质量评价

本部分以空气中污染物为评价指标,对 L 市苹果产地环境空气质量安全进行评价,重点关注空气中总悬浮颗粒物、二氧化硫、二氧化氮、氟化物等 4 项基本评价指标。先从安全生产角度分析苹果园空气中总悬浮颗粒物、二氧化硫等污染物含量水平,同时对照《绿色食品 产地环境质量》(NY/T 391—2021)及《绿色食品 产地环境调查、监测与评价规范》(NY/T 1054—2021),对 L 市苹果产地环境空气质量安全作出评价,并对种植业绿色食品的适宜性提出建议。

1.4.4 苹果产地环境土壤基本肥力评价

本部分重点关注土壤 pH 以及有机质、全氮、速效钾等指标,对 L 市苹果园土壤基本肥力进行评价。首先从适宜生长角度,通过描述统计的方法,对苹果园土壤 pH、全氮、有效磷、速效钾等基本肥力指标的含量、变异程度及分布特征等进行分析;其次按照我国第二次土壤普查分级标准,对苹果园土壤基本肥力状况进行分级,评估土壤的氮素、磷素及钾素的供应能力;最后参照《绿色食品　产地环境质量》(NY/T 391—2021)及《绿色食品产地环境调查、监测与评价规范》(NY/T 1054—2021),对苹果园土壤基本肥力进行分级划定,并给出可持续发展绿色食品的合理施肥建议。

第2章 苹果产地环境土壤质量评价

土壤中重金属元素含量过高可能会导致植物中重金属含量升高,进而通过食物链影响人体健康,因而土壤重金属污染评价对保障食用农产品的安全性非常必要。本章以L市为实例,从安全生产角度,采用描述统计的方法,分析苹果产地环境土壤中重金属含量水平、变异程度及分布特征,并通过与国家土壤及河南省土壤重金属背景值做比较,来评估苹果园土壤重金属积累程度及受外界影响程度;对照《绿色食品 产地环境质量》(NY/T 391—2021)及《绿色食品 产地环境调查、监测与评价规范》(NY/T 1054—2021)要求,对苹果产地环境土壤质量安全作出评价,并对种植业绿色食品的适宜性提出建议;对照《土壤环境质量 农用地土壤污染风险管控标准(试行)》(GB 15618—2018)要求,进行苹果产地环境土壤污染风险分类评价,并给出果园土壤合理利用及安全生产建议。

2.1 评价过程

2.1.1 评价时间

评价时间为2021—2024年。

2.1.2 监测区域及评价对象

监测区域为苹果产区L市,评价对象为苹果产地环境土壤中重金属等污染物。

2.1.2.1 布点原则

主要依据《绿色食品 产地环境调查、监测与评价规范》(NY/T 1054—2021)进行布点。结合L市苹果种植的实际情况,以苹果生产企业为基本评价单元,依据企业种植面积和生产单元数量确定土壤实际采样数量。

2.1.2.2 样品数量与分布

依据L市提供的苹果质量追溯企业名单,40家企业共采集土壤样品50个,具体样品数量及分布情况见表2-1-1。

2.1.3 监测指标及检测依据

本书重点关注土壤pH以及铜、锌、铅、镉、铬、镍、汞、砷等无机污染物,主要关注指标及检测依据见表2-1-2。

表 2-1-1　样品数量及分布情况

采样区域	样品数量/个	采样深度/cm
G 镇	2	0~40
W 乡	6	0~40
S 乡	28	0~40
J 镇	4	0~40
C 乡	6	0~40
K 乡	1	0~40
P 镇	2	0~40
Z 镇	1	0~40
合计	50	0~40

表 2-1-2　主要关注指标及检测依据

指标	检测依据	所用设备
pH	NY/T 1121.2	滴定仪
镉	GB/T 17141	原子吸收分光光度计
汞	GB/T 22105.1	原子荧光分光光度计
砷	GB/T 22105.2	原子荧光分光光度计
铅	GB/T 17141	原子吸收分光光度计
铬	HJ 491	原子吸收分光光度计
铜	HJ 491	原子吸收分光光度计
锌	HJ 491	原子吸收分光光度计
镍	HJ 491	原子吸收分光光度计

2.1.4　苹果产地环境土壤质量安全评价

2.1.4.1　评价依据、评价指标及标准值

　　苹果产地环境土壤质量安全评价按照《绿色食品 产地环境质量》(NY/T 391—2021)的要求进行,评价指标包括铅、镉、铬、铜、汞、砷共 6 项基本评价指标。土壤质量评价参数

和评价指标见表 2-1-3。

表 2-1-3　土壤质量评价参数和评价指标[按《绿色食品 产地环境质量》(NY/T 391—2021)]

项目	旱田		
	pH<6.5	6.5≤pH≤7.5	pH>7.5
总镉/(mg/kg)	≤0.30	≤0.30	≤0.40
总汞/(mg/kg)	≤0.25	≤0.30	≤0.35
总砷/(mg/kg)	≤25	≤20	≤20
总铅/(mg/kg)	≤50	≤50	≤50
总铬/(mg/kg)	≤120	≤120	≤120
总铜/(mg/kg)	≤50	≤60	≤60

注：果园土壤中铜限量值为旱田土壤中铜限量值的 2 倍。

2.1.4.2　评价方法

依据《绿色食品 产地环境质量》(NY/T 391—2021)、《绿色食品 产地环境调查、监测与评价规范》(NY/T 1054—2021)，采用污染指数评价法，对 L 市苹果产地环境土壤安全状况作出评价。

(1)进行单项污染指数评价,其计算公式为

$$P_i = \frac{C_i}{S_i} \tag{2-1-1}$$

式中　P_i——监测项目 i 的污染指数;

C_i——监测项目 i 的实测值;

S_i——监测项目 i 的评价标准值。

(2)如果有 1 项单项污染指数 P_i 大于 1,则视为该产地环境土壤质量不符合要求,不宜发展绿色食品。

(3)分级与描述。

如果单项污染指数 P_i 均小于或等于 1,则继续进行综合污染指数评价。综合污染指数按照式(2-1-2)进行计算,并按表 2-1-4 的规定进行分级。综合污染指数可作为长期绿色食品生产环境变化趋势的评价指标。

$$P_{综} = \sqrt{\frac{(C_i/S_i)^2_{max} + (C_i/S_i)^2_{ave}}{2}} \tag{2-1-2}$$

式中　$P_{综}$——土壤的综合污染指数;

$(C_i/S_i)_{max}$——土壤污染物中污染指数的最大值;

$(C_i/S_i)_{ave}$——土壤污染物中污染指数的平均值。

表 2-1-4　综合污染指数分级标准 [按《绿色食品 产地环境调查、监测与评价规范》
（ NY/T 1054—2021 ）]

序号	土壤综合污染指数	等级
1	≤0.7	清洁
2	0.7~1.0	尚清洁

2.1.5　苹果产地环境土壤污染风险分类评价

2.1.5.1　评价依据、评价指标及标准值

按照《土壤环境质量 农用地土壤污染风险管控标准（试行）》（GB 15618—2018）（简称《农用地标准》）进行苹果产地土壤污染风险分类评价，设置铜、锌、铅、镉、铬、镍、汞、砷等无机污染物共 8 项基本评价指标。采用《农用地标准》中的污染物风险筛选值和管制值作为评价标准，具体评价指标标准值的选择需考虑不同的 pH 分区及果园的用地类型。具体评价指标标准值见表 2-1-5 和表 2-1-6。

表 2-1-5　土壤污染风险筛选值（按《农用地标准》）

污染物	风险筛选值			
	pH≤5.5	5.5<pH≤6.5	6.5<pH≤7.5	pH>7.5
镉/（mg/kg）	0.3	0.3	0.3	0.6
汞/（mg/kg）	1.3	1.8	2.4	3.4
砷/（mg/kg）	40	40	30	25
铅/（mg/kg）	70	90	120	170
铬/（mg/kg）	150	150	200	250
铜/（mg/kg）	150	150	200	200
镍/（mg/kg）	60	70	100	190
锌/（mg/kg）	200	200	250	300

2.1.5.2　评价方法

依据《土壤环境质量 农用地土壤污染风险管控标准（试行）》（GB 15618—2018），从保护农产品质量安全角度，选择铜、锌、铅、镉、铬、镍、汞、砷共 8 种重金属元素划分评价单元类别。划分步骤如下。

表 2-1-6 土壤污染风险管控值(按《农用地标准》)

污染物	风险管制值			
	pH≤5.5	5.5<pH≤6.5	6.5<pH≤7.5	pH>7.5
镉/(mg/kg)	1.5	2.0	3.0	4.0
汞/(mg/kg)	2.0	2.5	4.0	6.0
砷/(mg/kg)	200	150	120	100
铅/(mg/kg)	400	500	700	1 000
铬/(mg/kg)	800	850	1 000	1 300

1. 按单项污染物划分评价单元类别

先对评价单元内各点位土壤的各项污染物进行逐一分类。根据《农用地标准》,分为 3 类:低于(或等于)筛选值(A 类),介于筛选值和管制值之间(B 类),高于(或等于)管制值(C 类)。然后根据各单项污染物分别判定该污染物代表的评价单元类别,分为优先保护类、安全利用类和严格管控类,具体类别划分见表 2-1-7。

表 2-1-7 按单项污染物划分土壤环境质量单元类别(按《农用地标准》)

等级	A 类	B 类	C 类
单元类别	优先保护类	安全利用类	严格管控类
划分依据	单项污染物含量低于(或等于)筛选值	单项污染物含量介于筛选值和管制值之间	单项污染物含量高于(或等于)管制值
污染程度描述	存在食用农产品不符合安全指标等土壤污染风险较低,一般情况下可以忽略不计	可能存在食用农产品不符合安全指标等土壤污染风险,原则上应当采取农艺调控、替代种植等安全利用措施,应加强土壤环境监测和农产品协同监测	食用农产品不符合质量安全标准等农用地土壤污染风险高,且难以通过安全利用措施降低食用农产品不符合质量安全标准等农用地土壤污染风险,原则上应当采取禁止种植食用农产品、退耕还林等严格管控措施

2. 评价单元土壤环境质量类别判断

判定每项污染物代表的评价单元类别后,取最严格的作为该评价单元的类别。

3. 分类描述

A 类土壤:属于优先保护类,存在食用农产品不符合安全指标等土壤污染风险较低,一般情况下可以忽略不计。

B 类土壤:属于安全利用类,可能存在食用农产品不符合安全指标等土壤污染风险,原则上应当采取农艺调控、替代种植等安全利用措施,加强土壤环境监测和农产品协同监测。

C 类土壤:属于严格管控类,食用农产品不符合质量安全标准等农用地土壤污染风险高,且难以通过安全利用措施降低食用农产品不符合质量安全标准等农用地土壤污染风险,原则上应当采取禁止种植食用农产品、退耕还林等严格管控措施。

2.2　土壤中重金属含量统计学分析

2.2.1　铅

2.2.1.1　土壤中铅基本概况

铅在地壳中的丰度为 12 mg/kg。世界土壤中铅含量范围为 2~300 mg/kg,中位值为 35 mg/kg,未受污染的土壤中铅含量中值为 12 mg/kg。我国土壤铅元素背景值总体呈现出南半部高、北半部低、东部高于西北部的分布规律。在我国,耕地土壤中分布差异较大,秦岭—淮河以南以水稻土为主,以北以旱作土壤为主,铅背景值范围有所不同,其中水稻土为 18.5~56.0 mg/kg、潮土为 13.5~23.9 mg/kg、壤土为 13.5~23.9 mg/kg、绵土为 18.5~23.9 mg/kg、黑垆土为 18.5~23.9 mg/kg、绿洲土为 23.9~31.1 mg/kg。土壤中铅污染的来源广泛,主要来自汽车废气,以及蓄电池、铸造合金、油漆、颜料、陶瓷、塑料、辐射防护材料等含铅工矿企业的生产等。

我国土壤及河南省土壤铅背景值统计量见表 2-2-1。河南省 A 层土壤铅背景值算术平均值为 19.6 mg/kg,低于全国平均水平 26.0 mg/kg;河南省 C 层土壤铅背景值算术平均值为 18.9 mg/kg,也低于全国平均水平 24.7 mg/kg。

表 2-2-1　我国土壤及河南省土壤铅背景值统计量(引自中国环境监测总站,1990)

区域	土壤层	统计量/(mg/kg)				
		范围	中位值	算术平均值	几何平均值	95%范围值
河南省	A 层	12.5~38.5	19.1	19.6±4.62	19.1±1.25	—
	C 层	11.5~37.0	18.0	18.9±4.98	18.3±1.28	—
全国	A 层	0.68~1 143	23.5	26.0±12.37	23.6±1.54	10.0~56.1
	C 层	0.69~925.9	22.0	24.7±11.89	22.3±1.56	9.2~54.3

2.2.1.2　果园土壤中铅统计学特征

从果园土壤中铅含量及统计量(见表 2-2-2)来看,研究区域内苹果园土壤铅总体上含量范围为 9.11~41.0 mg/kg,平均值为 16.1 mg/kg,变异系数为 33.5%。铅含量平均值低于我国 A 层土壤铅背景值(26.0 mg/kg)和河南省 A 层土壤铅背景值(19.6 mg/kg),说明该区域内土壤重金属铅积累程度不明显。该区域土壤中铅属于中等变异性，即铅在空间分布上不均匀，受外界影响程度中等，但各个采样区域总体情况不尽相同，其中 G 镇土壤铅变异程度最大（变异系数为 41.8%），其余乡镇土壤铅变异程度较小（变异系数均不足 20.0%），其中 P 镇（变异系数为 1.1%）为弱变异性，其余区域为中等变异性。

表 2-2-2　果园土壤中铅含量及统计量

区域	统计量/（mg/kg）				变异系数/%
	最小值	最大值	平均值	中位值	
G 镇	18.5	41.0	29.2	28.6	41.8
W 乡	11.4	16.7	14.6	14.9	13.1
S 乡	9.11	19.6	14.8	15.2	15.7
J 镇	15.4	19.2	17.0	16.8	10.6
C 乡	12.8	20.4	15.7	15.0	18.8
K 乡	16.0	16.0	16.0	16.0	—
P 镇	18.5	18.8	18.7	18.7	1.1
Z 镇	11.6	11.6	11.6	11.6	—
合计	9.11	41.0	16.1	15.4	33.5

2.2.2　镉

2.2.2.1　土壤中镉基本概况

镉是一种稀有分散元素，在地壳中丰度仅为 0.2 mg/kg。世界土壤中镉含量范围为 0.01~2 mg/kg，中值为 0.35 mg/kg。我国镉元素背景值区域分布规律表现为东部地区呈现中部偏高、南北偏低的趋势，从东南沿海向西部地区逐渐增高，其中云南、贵州、广西及新疆阿尔泰地区为高背景区，而内蒙古、广东、福建和河北北部地区为低背景区。另外，我国耕地土壤分布差异较大，以秦岭—淮河一线为界，以南以水稻土为主，以北以旱作土壤为主，镉背景值范围有所不同，其中水稻土为 0.024~0.029 mg/kg，潮土为 0.046~0.190 mg/kg，塿土为 0.046~0.120 mg/kg，绵土为 0.046~0.190 mg/kg，黑垆土为 0.080~0.190 mg/kg，绿洲土为 0.024~0.190 mg/kg。镉自然来源主要是岩石和土壤的本底值，人为来源主要指人类工农业生产活动造成的污染，如污水灌溉、污泥施肥、农业投入品、交通运输、工矿企业活动等。

我国土壤及河南省土壤镉背景值统计量见表 2-2-3。河南省 A 层土壤镉背景值算术平均值为 0.074 mg/kg，低于全国平均水平 0.097 mg/kg；河南省 C 层土壤镉背景值算术平均值为 0.068 mg/kg，也低于全国平均水平 0.084 mg/kg。

表 2-2-3　我国土壤及河南省土壤镉背景值统计量(引自中国环境监测总站,1990)

区域	土壤层	统计量/(mg/kg)				
		范围	中位值	算术平均值	几何平均值	95%范围值
河南省	A 层	0.039~0.276	0.074	0.074±0.016 7	0.072 6±1.256 2	—
	C 层	0.027~0.275	0.067	0.068±0.016 9	0.065 5±1.290 6	—
全国	A 层	0.001~13.4	0.079	0.097±0.079	0.074±2.118	0.017~0.333
	C 层	0.000 1~13.9	0.069	0.084±0.075	0.061±2.35	0.011~0.339

2.2.2.2　果园土壤中镉统计学特征

从土壤中镉统计量(见表 2-2-4)来看,研究区域内果园土壤镉总体上含量范围为 0.064 4~0.226 0 mg/kg,平均值为 0.114 4 mg/kg,变异系数为 31.0%。镉含量平均值高于中国 A 层土壤镉背景值(0.097 mg/kg)和河南省 A 层土壤镉背景值(0.074 mg/kg),说明该区域内土壤重金属镉积累程度较明显。该区域土壤中镉属于中等变异性,即镉在空间分布上不均匀,受外界影响程度中等,但各个采样区域总体情况不尽相同,其中 G 镇土壤镉变异程度最大(变异系数为 42.2%),其余乡镇土壤镉变异程度相对较小(变异系数在 9.2%~27.8%),除了 P 镇(变异系数为 9.2%)属于弱变异性之外,其余乡镇均属于中等变异性。

表 2-2-4　土壤中镉统计量

区域	统计量/(mg/kg)				变异系数/%
	最小值	最大值	平均值	中位值	
G 镇	0.093 0	0.226 0	0.154 8	0.150 0	42.2
W 乡	0.085 9	0.172 0	0.124 7	0.118 5	25.7
S 乡	0.064 4	0.172 0	0.101 7	0.094 5	25.7
J 镇	0.090 4	0.160 0	0.116 2	0.107 1	27.8
C 乡	0.116 0	0.174 0	0.141 0	0.133 5	18.7
K 乡	0.064 4	0.064 4	0.064 4	0.064 4	—
P 镇	0.093 0	0.106 0	0.099 5	0.099 5	9.2
Z 镇	0.132 0	0.132 0	0.132 0	0.132 0	—
合计	0.064 4	0.226 0	0.114 4	0.102 0	31.0

2.2.3　汞

2.2.3.1　土壤中汞基本概况

汞在地壳中的丰度为 0.089 mg/kg,世界土壤中汞含量范围为 0.01~0.5 mg/kg,中值为 0.06 mg/kg。我国汞元素背景值区域分布特征总趋势为:东南高、西部低,松辽平原和华北平原接近于全国平均水平,广西、广东、湖南、贵州、四川等省(自治区)属高背景值区,而新疆、甘肃、内蒙古西部、西藏西部等省(自治区)属低背景值区。我国耕地土壤分布差异较大,以秦岭—淮河一线为界,以南以水稻土为主,以北以旱作土壤为主,汞背景值范围有所不同,其中水稻土为 0.012~0.150 mg/kg、潮土为 0.020~0.040 mg/kg、娄土为 0.012~0.040 mg/kg、绵土为 0.012~0.020 mg/kg、黑垆土为 0.009~0.020 mg/kg、绿洲土为 0.020~0.040 mg/kg。土壤中汞除了岩石分化、火山活动、植被释放等自然来源,还有工业含汞废水、废气和废渣,农业含汞化肥、农药的使用等。

我国土壤及河南省土壤汞背景值统计量见表 2-2-5。河南省 A 层土壤汞背景值算术平均值为 0.034 mg/kg,低于全国平均水平 0.065 mg/kg;河南省 C 层土壤汞背景值算术平均值为 0.025 mg/kg,也低于全国平均水平 0.044 mg/kg。

表 2-2-5　我国土壤及河南省土壤汞背景值统计量(引自中国环境监测总站,1990)

区域	土壤层	统计量/(mg/kg)				
		范围	中位值	算术平均值	几何平均值	95%范围值
河南省	A 层	0.014~0.115	0.030	0.034±0.017 2	0.030 8±1.546 0	——
	C 层	0.012~0.072	0.023	0.025±0.010 7	0.023 5±1.461 3	——
全国	A 层	0.001~45.9	0.038	0.065±0.080	0.040±2.602	0.006~0.272
	C 层	0.001~267	0.025	0.044±0.057	0.026±2.65	0.002~0.187

2.2.3.2　果园土壤中汞统计学特征

从土壤中汞统计量(见表 2-2-6)来看,研究区域内果园土壤汞总体上含量范围为 0.018 8~1.920 0 mg/kg,平均值为 0.150 2 mg/kg,变异系数为 238.4%。汞含量平均值高于中国 A 层土壤汞背景值(0.065 mg/kg)和河南省 A 层土壤汞背景值(0.034 mg/kg),说明该区域内土壤重金属汞积累程度较明显。该区域土壤中汞属于强变异性,即汞在空间分布上非常不均匀,受外界影响程度较大,但各个采样区域总体情况不尽相同,其中 W 乡土壤汞变异程度最大(变异系数为 189.7%),属于强变异性,而其余乡镇土壤汞变异程度相对较小(变异系数在 25.1%~91.5%),均属于中等变异性。

表 2-2-6 土壤中汞统计量

区域	统计量/（mg/kg）				变异系数/%
	最小值	最大值	平均值	中位值	
G 镇	0.176 0	1.920 0	0.989 5	0.931 0	91.5
W 乡	0.028 6	0.888 0	0.182 3	0.044 3	189.7
S 乡	0.021 7	0.112 0	0.048 5	0.045 6	42.9
J 镇	0.063 2	0.259 0	0.134 1	0.107 2	64.5
C 乡	0.032 0	0.208 0	0.074 4	0.046 4	90.1
K 乡	0.018 8	0.018 8	0.018 8	0.018 8	—
P 镇	0.176 0	0.252 0	0.214 0	0.214 0	25.1
Z 镇	0.095 2	0.095 2	0.095 2	0.095 2	—
合计	0.018 8	1.920 0	0.150 2	0.049 7	238.4

2.2.4 砷

2.2.4.1 土壤中砷基本概况

砷在地壳中的丰度为 2.2 mg/kg，世界土壤中砷含量范围为 0.1~40 mg/kg，中值为 6 mg/kg，我国土壤平均含量为 9.29 mg/kg。我国土壤砷元素背景值区域分布特征总趋势为：在我国秦岭以南的广大区域，由东向西，从沿海到青藏高原，背景值由低向高逐渐变化；北方广大地区处于中等水平。砷来源的自然因素主要是土壤的成土母质中所含的砷元素，人为来源包括人类各种活动如开采、冶炼和产品制造等。我国耕地土壤分布差异较大，以秦岭—淮河一线为界，以南以水稻土为主，以北以旱作土壤为主，砷背景值范围也有所不同，其中水稻土为 3.5~20.2 mg/kg，潮土为 6.2~13.7 mg/kg，塿土为 6.2~13.7 mg/kg，绵土为 9.6~13.7 mg/kg，黑垆土为 9.6~13.7 mg/kg，绿洲土为 6.2~13.7 mg/kg。

我国土壤及河南省土壤砷背景值统计量见表 2-2-7。河南省 A 层土壤砷背景值算术平均值为 11.4 mg/kg，略高于全国 A 层土壤平均水平 11.2 mg/kg；河南省 C 层土壤砷背景值算术平均值为 11.8 mg/kg，也略高于全国 C 层土壤平均水平 11.5 mg/kg。

表 2-2-7　我国土壤及河南省土壤砷背景值统计量(引自中国环境监测总站,1990)

区域	土壤层	统计量/(mg/kg)				
		范围	中位值	算术平均值	几何平均值	95%范围值
河南省	A 层	2.7~28.2	10.6	11.4±3.82	10.9±1.37	—
	C 层	0.9~32.1	10.6	11.8±4.56	11.0±1.44	—
全国	A 层	0.01~626	9.6	11.2±7.86	9.2±1.91	2.5~33.5
	C 层	0.03~4 441	9.9	11.5±8.41	9.2±1.98	2.2~36.1

2.2.4.2　果园土壤中砷统计学特征

从土壤中砷统计量(见表 2-2-8)来看,研究区域内果园土壤砷总体上含量范围为7.94~19.1 mg/kg,平均值为 11.5 mg/kg,变异系数为 21.7%。砷含量平均值与中国 A 层土壤砷背景值(11.2 mg/kg)和河南省 A 层土壤砷背景值(11.4 mg/kg)基本一致,说明该区域内土壤重金属砷积累程度不明显。该区域土壤中砷属于中等变异性,即砷在空间分布上不均匀,受外界影响程度中等,但各个采样区域总体情况不尽相同,其中 S 乡土壤砷变异程度最大(变异系数为 20.3%),其余乡镇土壤砷变异程度相对较小(变异系数在1.7%~14.5%),S 乡和 C 乡属于中等变异性,其余乡镇属于弱变异性。

表 2-2-8　土壤中砷统计量

区域	统计量/(mg/kg)				变异系数/%
	最小值	最大值	平均值	中位值	
G 镇	8.61	8.92	8.71	8.65	1.7
W 乡	9.86	11.7	11.0	11.2	6.4
S 乡	8.20	19.1	12.7	13.0	20.3
J 镇	8.82	10.8	9.86	9.91	8.2
C 乡	7.94	11.1	9.59	9.71	14.5
K 乡	10.4	10.4	10.4	10.4	—
P 镇	8.62	8.92	8.77	8.77	2.4
Z 镇	10.9	10.9	10.9	10.9	—
合计	7.94	19.1	11.5	11.0	21.7

2.2.5　铬

2.2.5.1　土壤中铬基本概况

铬在地壳中的含量范围为 80~200 mg/kg,平均为 125 mg/kg。世界土壤中铬含量范围为 5~1 500 mg/kg,中值为 70 mg/kg。我国铬元素背景值区域分布特征总趋势为:东部地区中间高、东部和北部偏低;青藏高原的东部和南部偏高;松嫩平原、辽河平原、华北平原、黄土高原和青藏高原北部等区域,背景值处于中间水平。自然土壤中铬主要来自成土岩石,土壤中铬污染的主要来源之一是大气中铬的沉降。我国耕地土壤分布差异较大,以秦岭—淮河一线为界,以南以水稻土为主,以北以旱作土壤为主,铬背景值范围有所不同,其中水稻土为 17.2~94.6 mg/kg,潮土为 40.2~73.8 mg/kg,娄土为 40.2~73.9 mg/kg,绵土为 57.3~73.9 mg/kg,黑垆土为 40.2~94.6 mg/kg,绿洲土为 57.3~94.6 mg/kg。

我国土壤及河南省土壤铬背景值统计量见表 2-2-9。河南省 A 层土壤铬背景值算术平均值为 63.8 mg/kg,略高于全国 A 层土壤平均水平 61.0 mg/kg;河南省 C 层土壤铬背景值算术平均值为 65.6 mg/kg,也略高于全国 C 层土壤平均水平 60.8 mg/kg。

表 2-2-9　我国土壤及河南省土壤铬背景值统计量(引自中国环境监测总站,1990)

区域	土壤层	统计量/(mg/kg)				
		范围	中位值	算术平均值	几何平均值	95%范围值
河南省	A 层	25.0~109.8	62.9	63.8±13.25	62.5±1.23	—
	C 层	17.4~118.2	61.5	65.6±18.43	63.2±1.32	—
全国	A 层	2.20~1 209	57.3	61.0±31.07	53.9±1.67	19.3~150.2
	C 层	1.00~924	57.3	60.8±32.43	52.8±1.74	17.5~159.5

2.2.5.2　果园土壤中铬统计学特征

从土壤中铬统计量(见表 2-2-10)来看,研究区域内果园土壤铬总体上含量范围为 66~202 mg/kg,平均值为 85 mg/kg,变异系数为 23.8%。铬含量平均值高于我国 A 层土壤铬背景值(61.0 mg/kg)和河南省 A 层土壤铬背景值(63.8 mg/kg),说明该区域内土壤重金属铬积累程度较明显。该区域土壤中铬属于中等变异性,即铬在空间分布上不均匀,受外界影响程度中等,但各个采样区域总体情况不尽相同,其中 S 乡、J 镇和 P 镇土壤铬变异程度较大(变异系数在 10.4%~28.3%),属于中等变异性,而其余乡镇土壤铬变异程度相对较小(变异系数均不足 10.0%),属于弱变异性。

表 2-2-10　土壤中铬统计量

区域	统计量/（mg/kg）				变异系数/%
	最小值	最大值	平均值	中位值	
G 镇	80	95	85	82	8.1
W 乡	68	86	76	75	7.9
S 乡	66	202	86	83	28.3
J 镇	84	116	99	99	13.4
C 乡	70	81	75	76	5.8
K 乡	116	116	116	116	—
P 镇	82	95	89	89	10.4
Z 镇	76	76	76	76	—
合计	66	202	85	81	23.8

2.2.6　铜

2.2.6.1　土壤中铜基本概况

地壳中铜的丰度为 63 mg/kg。世界土壤中铜含量范围为 2～250 mg/kg，中值为 30 mg/kg。我国土壤中全铜的含量一般为 4～150 mg/kg，平均约 22 mg/kg。我国东部区域铜元素背景值表现出南北低、中间高的趋势，另有从东北向西南逐步增高的特点。我国耕地土壤分布差异较大，以秦岭—淮河一线为界，以南以水稻土为主，以北以旱作土壤为主，铜背景值范围有所不同，其中水稻土为 14.9～27.3 mg/kg，潮土为 14.9～27.3 mg/kg，娄土为 14.9～36.7 mg/kg，绵土为 20.7～27.3 mg/kg，黑垆土为 20.7～27.3 mg/kg，绿洲土为 14.9～27.3 mg/kg。土壤铜的来源受成土母质、气候、人类活动等多种因素的影响，其主要污染来源是金属加工、铜锌矿的开采和冶炼、机械制造、钢铁生产等。

我国土壤及河南省土壤铜背景值统计量见表 2-2-11。河南省 A 层土壤铜背景值算术平均值为 19.7 mg/kg，低于全国 A 层土壤平均水平 22.6 mg/kg；河南省 C 层土壤铜背景值算术平均值为 20.7 mg/kg，也低于全国 C 层土壤平均水平 23.1 mg/kg。

表 2-2-11 我国土壤及河南省土壤铜背景值统计量(引自中国环境监测总站,1990)

区域	土壤层	统计量/(mg/kg)				
		范围	中位值	算术平均值	几何平均值	95%范围值
河南省	A 层	5.8~67.5	19.0	19.7±4.80	19.2±1.26	—
	C 层	2.0~71.5	20.3	20.7±6.59	19.8±1.37	—
全国	A 层	0.33~272	20.7	22.6±11.41	20.0±1.66	7.3~55.1
	C 层	0.17~1 041	21.0	23.1±13.56	19.8±1.77	6.3~62.2

2.2.6.2 果园土壤中铜统计学特征

从土壤中铜统计量(见表 2-2-12)来看,研究区域内果园土壤铜总体上含量范围为 20~54 mg/kg,平均值为 31 mg/kg,变异系数为 27.6%。铜含量平均值高于中国 A 层土壤铜背景值(22.6 mg/kg)和河南省 A 层土壤铜背景值(19.7 mg/kg),说明该区域内土壤重金属铜积累程度较明显。该区域土壤中铜属于中等变异性,即铜在空间分布上不均匀,受外界影响程度中等,但各个采样区域总体情况不尽相同,其中 C 乡土壤铜变异程度最大(变异系数为 44.1%),其余乡镇土壤铜变异程度相对较小(变异系数在 5.2%~26.8%),除 P 镇属于弱变异性之外,其余乡镇均属于中等变异性。

表 2-2-12 土壤中铜统计量

区域	统计量/(mg/kg)				变异系数/%
	最小值	最大值	平均值	中位值	
G 镇	26	34	30	30	12.2
W 乡	22	37	27	25	20.4
S 乡	23	50	33	30	26.8
J 镇	22	34	29	29	19.3
C 乡	20	54	29	25	44.1
K 乡	25	25	25	25	—
P 镇	26	28	27	27	5.2
Z 镇	24	24	24	24	—
合计	20	54	31	28	27.6

2.2.7　镍

2.2.7.1　土壤中镍基本概况

地壳中镍的丰度为 89 mg/kg,平均含量为 80 mg/kg。世界土壤中镍含量范围为 2~750 mg/kg,中值为 50 mg/kg。我国镍元素背景值区域分布特征总趋势为:在我国东半部由南到北,形成南北低、中间高的分布特点,并表现出从东北向西南逐渐增高的趋势;在东南沿海地区、海南省和内蒙古东部形成低背景区;云南、广西和贵州西部出现高背景区。土壤中镍污染的主要来源包括采矿废弃池、高背景含镍土壤、工业生产污染土壤等。我国耕地土壤分布差异较大,以秦岭—淮河一线为界,以南以水稻土为主,以北以旱作土壤为主,镍背景值范围有所不同,其中水稻土为 9.0~42.0 mg/kg,潮土为 17.0~42.0 mg/kg,娄土为 24.9~33.0 mg/kg,绵土为 17.0~44.0 mg/kg,黑垆土为 24.9~42.4 mg/kg,绿洲土为 33.0~51.0 mg/kg。

我国土壤及河南省土壤镍背景值统计量见表 2-2-13。河南省 A 层土壤镍背景值算术平均值为 26.7 mg/kg,略低于全国 A 层土壤平均水平 26.9 mg/kg;河南省 C 层土壤镍背景值算术平均值为 29.9 mg/kg,略高于全国 C 层土壤平均水平 28.6 mg/kg。

表 2-2-13　我国土壤及河南省土壤镍背景值统计量(引自中国环境监测总站,1990)

区域	土壤层	统计量/(mg/kg)				
		范围	中位值	算术平均值	几何平均值	95%范围值
河南省	A 层	6.0~80.5	25.8	26.7±5.69	26.1±1.23	—
	C 层	5.0~72.0	28.0	29.9±9.49	28.7±1.32	—
全国	A 层	0.06~627	24.9	26.9±14.36	23.4±1.74	7.7~71.0
	C 层	0.01~879.3	26.0	28.6±17.08	24.3±1.83	7.3~80.8

2.2.7.2　果园土壤中镍统计学特征

从土壤镍统计量(见表 2-2-14)来看,研究区域内果园土壤镍总体上含量范围为 35~50 mg/kg,平均值为 42 mg/kg,变异系数为 9.1%。镍含量平均值高于中国 A 层土壤镍背景值(26.9 mg/kg)和河南省 A 层土壤镍背景值(26.7 mg/kg),说明该区域内土壤重金属镍积累程度较明显。该区域土壤中镍属于弱变异性,即镍在空间分布上较均匀,受外界影响程度较低。

表 2-2-14　土壤中镍统计量

区域	统计量/(mg/kg)				变异系数/%
	最小值	最大值	平均值	中位值	
G 镇	36	44	39	39	9.2
W 乡	39	49	44	45	9.0
S 乡	36	50	43	44	8.9
J 镇	41	47	43	43	6.1
C 乡	35	42	39	40	7.1
K 乡	42	42	42	42	—
P 镇	40	44	42	42	6.7
Z 镇	42	42	42	42	—
合计	35	50	42	42	9.1

2.2.8　锌

2.2.8.1　土壤中锌基本概况

地壳中锌的丰度为 94 mg/kg,世界土壤中锌含量范围为 1~900 mg/kg,中值为 9 mg/kg。我国锌元素背景值区域分布特征总趋势为:在我国东、中部地区,呈中间高、南北低的趋势;在青藏高原是东部偏高、西部偏低;湖南、广西、云南等省(自治区)的山地丘陵区和横断山脉是我国锌元素的高背景值区;广东、海南沿海及内蒙古中、西部是低值区;松辽平原、华北平原和黄土高原等地区处于中间水平。锌主要污染来源有农业生产、交通运输、污水灌溉、污泥施肥等。我国耕地土壤分布差异较大,以秦岭—淮河一线为界,以南以水稻土为主,以北以旱作土壤为主,锌背景值范围有所不同,其中水稻土为 50.9~88.5 mg/kg,潮土为 50.9~88.5 mg/kg,娄土为 50.9~67.3 mg/kg,绵土为 50.9~88.5 mg/kg,黑垆土为 67.3~88.5 mg/kg,绿洲土为 50.9~67.3 mg/kg。

我国土壤及河南省土壤锌背景值统计量见表 2-2-15。河南省 A 层土壤锌背景值算术平均值为 60.1 mg/kg,低于全国 A 层土壤平均水平 74.2 mg/kg;河南省 C 层土壤锌背景值算术平均值为 60.7 mg/kg,也低于全国 C 层土壤平均水平 71.1 mg/kg。

表 2-2-15　我国土壤及河南省土壤锌背景值统计量(引自中国环境监测总站,1990)

区域	土壤层	统计量/(mg/kg)				
		范围	中位值	算术平均值	几何平均值	95%范围值
河南省	A 层	34.3~221.5	57.3	60.1±15.3	58.4±1.26	—
	C 层	35.0~130.0	57.6	60.7±16.71	58.8±1.28	—
全国	A 层	2.60~593	68.0	74.2±32.78	67.7±1.54	28.2~161.1
	C 层	0.81~1 075	64.6	71.1±32.64	64.7±1.54	27.1~154.2

2.2.8.2　果园土壤中锌统计学特征

从土壤中锌统计量(见表 2-2-16)来看,研究区域内果园土壤锌总体上含量范围为 68~150 mg/kg,平均值为 88 mg/kg,变异系数为 18.9%。锌含量平均值高于中国 A 层土壤锌背景值(74.2 mg/kg)和河南省 A 层土壤锌背景值(60.1 mg/kg),说明该区域内土壤重金属锌积累程度较明显。该区域土壤中锌属于中等变异性,即锌在空间分布上不均匀,受外界影响程度中等,但各个采样区域总体情况不尽相同,其中 C 乡土壤锌变异程度最大(变异系数为 29.5%),其余乡镇土壤锌变异程度相对较小(变异系数在 5.2%~22.8%),其中 G 镇(变异系数 5.2%)和 P 镇(变异系数 5.4%)为弱变异性,其余区域均属于中等变异性。

表 2-2-16　土壤中锌统计量

区域	统计量/(mg/kg)				变异系数/%
	最小值	最大值	平均值	中位值	
G 镇	76	84	80	79	5.2
W 乡	76	128	91	82	22.8
S 乡	73	150	90	86	16.8
J 镇	68	86	74	72	11.1
C 乡	76	146	92	81	29.5
K 乡	79	79	79	79	—
P 镇	76	82	79	79	5.4
Z 镇	92	92	92	92	—
合计	68	150	88	83	18.9

2.3　土壤质量安全评价

2.3.1　单污染因子评价

2.3.1.1　镉

依据《绿色食品 产地环境质量》(NY/T 391—2021)的要求,按重金属镉单项污染指数对各区域土壤质量进行评价,结果见表 2-3-1。由表 2-3-1 可以看出,全市区域 50 个土壤点位中,就重金属镉而言,全部符合《绿色食品 产地环境质量》(NY/T 391—2021)的要求,符合率 100%,没有不符合要求的点位。

表 2-3-1　土壤中重金属镉评价结果[按《绿色食品 产地环境质量》(NY/T 391—2021)]

区域	基数/个	符合		不符合	
		点位/个	比例/%	点位/个	比例/%
G 镇	2	2	100	0	0
W 乡	6	6	100	0	0
S 乡	28	28	100	0	0
J 镇	4	4	100	0	0
C 乡	6	6	100	0	0
K 乡	1	1	100	0	0
P 镇	2	2	100	0	0
Z 镇	1	1	100	0	0
合计	50	50	100	0	0

2.3.1.2　汞

依据《绿色食品 产地环境质量》(NY/T 391—2021)的要求,按重金属汞单项污染指数对各区域土壤质量进行评价,结果见表 2-3-2。由表 2-3-2 可以看出,全市区域 50 个土壤点位中,就重金属汞而言,符合《绿色食品 产地环境质量》(NY/T 391—2021)要求的点位比例为 94.0%,不符合《绿色食品 产地环境质量》(NY/T 391—2021)要求的点位比例为 6.0%。全市区域共有 3 个汞超标点位,其中 G 镇 2 个、W 乡 1 个。

表 2-3-2　土壤中重金属汞评价结果[按《绿色食品 产地环境质量》(NY/T 391—2021)]

区域	基数/个	符合		不符合	
		点位/个	比例/%	点位/个	比例/%
G 镇	2	0	100	2	100
W 乡	6	5	83.3	1	16.7
S 乡	28	28	100	0	0
J 镇	4	4	100	0	0
C 乡	6	6	100	0	0
K 乡	1	1	100	0	0
P 镇	2	2	100	0	0
Z 镇	1	1	100	0	0
合计	50	47	94.0	3	6.0

2.3.1.3　砷

依据《绿色食品 产地环境质量》(NY/T 391—2021)的要求,按重金属砷单项污染指数对各区域土壤质量进行评价,结果见表 2-3-3。由表 2-3-3 可以看出,全市区域 50 个土壤点位中,就重金属砷而言,全部符合《绿色食品 产地环境质量》(NY/T 391—2021)的要求,符合率 100%,没有不符合要求的点位。

表 2-3-3　土壤中砷评价结果[按《绿色食品 产地环境质量》(NY/T 391—2021)]

区域	基数/个	符合		不符合	
		点位/个	比例/%	点位/个	比例/%
G 镇	2	2	100	0	0
W 乡	6	6	100	0	0
S 乡	28	28	100	0	0
J 镇	4	4	100	0	0
C 乡	6	6	100	0	0
K 乡	1	1	100	0	0
P 镇	2	2	100	0	0
Z 镇	1	1	100	0	0
合计	50	50	100	0	0

2.3.1.4　铅

依据《绿色食品 产地环境质量》(NY/T 391—2021)的要求,按重金属铅单项污染指数对各区域土壤质量进行评价,结果见表 2-3-4。由表 2-3-4 可以看出,全市区域 50 个土壤点位中,就重金属铅而言,全部符合《绿色食品 产地环境质量》(NY/T 391—2021)的要求,符合率 100%,没有不符合要求的点位。

表 2-3-4　土壤中重金属铅评价结果[按《绿色食品 产地环境质量》(NY/T 391—2021)]

区域	基数/个	符合		不符合	
		点位/个	比例/%	点位/个	比例/%
G 镇	2	2	100	0	0
W 乡	6	6	100	0	0
S 乡	28	28	100	0	0
J 镇	4	4	100	0	0
C 乡	6	6	100	0	0
K 乡	1	1	100	0	0
P 镇	2	2	100	0	0
Z 镇	1	1	100	0	0
合计	50	50	100	0	0

2.3.1.5　铬

依据《绿色食品 产地环境质量》(NY/T 391—2021)的要求,按重金属铬单项污染指数对各区域土壤质量进行评价,结果见表 2-3-5。由表 2-3-5 可以看出,全市区域 50 个土壤点位中,就重金属铬而言,符合《绿色食品 产地环境质量》(NY/T 391—2021)要求的点位比例为 98.0%,不符合《绿色食品 产地环境质量》(NY/T 391—2021)要求的点位比例为 2.0%。全市区域共 1 个铬超标点位,分布在 S 乡。

2.3.1.6　铜

依据《绿色食品 产地环境质量》(NY/T 391—2021)的要求,按重金属铜单项污染指数对各区域土壤质量进行评价,结果见表 2-3-6。由表 2-3-6 可以看出,全市区域 50 个土壤点位中,就重金属铜而言,全部符合《绿色食品 产地环境质量》(NY/T 391—2021)的要求,符合率 100%,没有不符合要求的点位。

表 2-3-5　土壤中重金属铬评价结果［按《绿色食品 产地环境质量》(NY/T 391—2021) ］

区域	基数/个	符合		不符合	
		点位/个	比例/%	点位/个	比例/%
G 镇	2	2	100	0	0
W 乡	6	6	100	0	0
S 乡	28	27	96.4	1	3.6
J 镇	4	4	100	0	0
C 乡	6	6	100	0	0
K 乡	1	1	100	0	0
P 镇	2	2	100	0	0
Z 镇	1	1	100	0	0
合计	50	49	98.0	1	2.0

表 2-3-6　土壤中重金属铜评价结果［按《绿色食品 产地环境质量》(NY/T 391—2021) ］

区域	基数/个	符合		不符合	
		点位/个	比例/%	点位/个	比例/%
G 镇	2	2	100	0	0
W 乡	6	6	100	0	0
S 乡	28	28	100	0	0
J 镇	4	4	100	0	0
C 乡	6	6	100	0	0
K 乡	1	1	100	0	0
P 镇	2	2	100	0	0
Z 镇	1	1	100	0	0
合计	50	50	100	0	0

2.3.2 符合性评价结果

依照《绿色食品 产地环境质量》(NY/T 391—2021) 的要求,L 市苹果产地环境土壤单因子污染指数最大值符合性评价结果见表 2-3-7。

表 2-3-7　土壤单因子污染指数最大值符合性评价结果[按《绿色食品 产地环境质量》

(NY/T 391—2021)]

单因子污染指数类型	镉	汞	砷	铅	铬	铜	总体
基数/个	50	50	50	50	50	50	50
符合点位/个	50	47	50	50	49	50	46
符合点位比例/%	100	94.0	100	100	98.0	100	92.0
不符合点位/个	0	3	0	0	1	0	4
不符合点位比例/%	0	6.0	0	0	2.0	0	8.0

按单因子污染指数最大值判定,L 市苹果产地环境 50 个土壤点位中,符合要求的点位比例为 92.0%,不符合要求的点位比例为 8.0%,共计有 4 个土壤点位不符合《绿色食品 产地环境质量》(NY/T 391—2021) 要求。

不符合《绿色食品 产地环境质量》(NY/T 391—2021) 要求的土壤中,主要污染因子为汞和铬。按单因子污染指数判定,50 个点位中,汞有 3 个点位超标,不符合点位比例为 6.0%;铬有 1 个点位超标,不符合点位比例为 2.0%;镉、铅、砷、铜均无超标点位。

从区域分布来看,不符合《绿色食品 产地环境质量》(NY/T 391—2021) 要求的土壤点位主要分布在 G 镇(2 个点位汞超标)、W 乡(1 个点位汞超标)和 S 乡(1 个点位铬超标)。

2.3.3 按照综合污染指数分级情况

对单因子污染指数均小于或等于 1 即符合《绿色食品 产地环境质量》(NY/T 391—2021) 的土壤点位,继续进行综合污染指数评价。按照综合污染指数进行污染状况分级,可作为长期绿色食品生产环境变化趋势的评价参考。按照综合污染指数分级情况见表 2-3-8。由表 2-3-8 可以看出,L 市苹果产地环境土壤中,有 8.0% 的点位不符合《绿色食品 产地环境质量》(NY/T 391—2021) 要求,有 92.0% 的点位符合《绿色食品 产地环境质量》(NY/T 391—2021) 要求。符合《绿色食品 产地环境质量》(NY/T 391—2021) 要求的点位中,清洁的比例为 88.0%,尚清洁的比例为 4.0%。

表 2-3-8 按照综合污染指数分级情况

区域	基数/个	按单项污染指数最大值判定				对符合点位按照综合污染指数分级			
		符合		不符合		清洁		尚清洁	
		点位/个	比例/%	点位/个	比例/%	点位/个	比例/%	点位/个	比例/%
G 镇	2	0	0	2	100	0	0	0	0
W 乡	6	5	83.3	1	16.7	5	83.3	0	0
S 乡	28	27	96.4	1	3.6	27	96.4	0	0
J 镇	4	4	100	0	0	3	75.0	1	25.0
C 乡	6	6	100	0	0	6	100	0	0
K 乡	1	1	100	0	0	0	0	1	100
P 镇	2	2	100	0	0	2	100	0	0
Z 镇	1	1	100	0	0	1	100	0	0
合计	50	46	92.0	4	8.0	44	88.0	2	4.0

2.3.4 不同区域土壤质量评价结果

2.3.4.1 苹果产地环境土壤质量安全综合评价

L 市苹果产地环境土壤按照《绿色食品 产地环境质量》(NY/T 391—2021)标准进行评价的结果见表 2-3-9。

按单因子污染指数最大值进行判定:L 市 50 个苹果产地环境土壤点位中,有 46 个符合《绿色食品 产地环境质量》(NY/T 391—2021)标准,符合率 92.0%;4 个不符合《绿色食品 产地环境质量》(NY/T 391—2021)标准,不符合率 8.0%。

46 个符合《绿色食品 产地环境质量》(NY/T 391—2021)标准要求的土壤点位中,44 个处于清洁状态,清洁比例为 88.0%;2 个处于尚清洁状态,尚清洁比例为 4.0%。

主要污染因子为汞,其次为铬。按单因子污染指数进行判定,50 个产地环境土壤点位中,汞有 3 个点位超标,不符合点位比例为 6.0%;铬有 1 个点位超标,不符合点位比例为 2.0%;镉、铅、砷、铜均无超标点位。

综上所述,L 市 50 个苹果产地环境土壤点位中,92.0%符合《绿色食品 产地环境质量》(NY/T 391—2021)标准,适宜发展绿色食品,但要着重关注综合污染指数的变化趋势。

表 2-3-9　苹果产地环境土壤评价结果［按《绿色食品 产地环境质量》（NY/T 391—2021）］

评价指标		镉	汞	砷	铅	铬	铜	总体
单因子污染指数最大值判定	基数/个	50	50	50	50	50	50	50
	符合点位/个	50	47	50	50	49	50	46
	符合点位比例/%	100	94.0	100	100	98.0	100	92.0
	不符合点位/个	0	3	0	0	1	0	4
	不符合点位比例/%	0	6.0	0	0	2.0	0	8.0
按照综合污染指数分级情况	清洁点位/个	—	—	—	—	—	—	44
	清洁点位比例/%	—	—	—	—	—	—	88.0
	尚清洁点位/个	—	—	—	—	—	—	2
	尚清洁点位比例/%	—	—	—	—	—	—	4.0
	污染点位/个	—	—	—	—	—	—	4
	污染点位比例/%	—	—	—	—	—	—	8.0

2.3.4.2　G 镇苹果产地环境土壤质量安全综合评价

G 镇苹果产地环境土壤按照《绿色食品 产地环境质量》（NY/T 391—2021）标准进行评价的结果见表 2-3-10。

按单因子污染指数最大值进行判定：2 个苹果产地环境土壤点位均不符合《绿色食品 产地环境质量》（NY/T 391—2021）标准。

主要污染因子为汞。按单因子污染指数进行判定，2 个土壤点位汞均超标，镉、铅、砷、铬、铜均不超标，即 G 镇 2 个苹果产地环境土壤点位均不符合《绿色食品 产地环境质量》（NY/T 391—2021）标准，不适宜发展绿色食品。

2.3.4.3　W 乡苹果产地环境土壤质量安全综合评价

W 乡苹果产地环境土壤按照《绿色食品 产地环境质量》（NY/T 391—2021）标准进行评价的结果见表 2-3-11。

按单因子污染指数最大值进行判定：6 个苹果产地环境土壤点位中，有 5 个符合《绿色食品 产地环境质量》（NY/T 391—2021）标准，符合率 83.3%；1 个土壤点位不符合《绿色食品 产地环境质量》（NY/T 391—2021）标准，不符合率 16.7%。

5 个符合《绿色食品 产地环境质量》（NY/T 391—2021）标准要求的土壤点位中，5 个处于清洁状态，清洁的比例为 83.3%，尚清洁的比例为 0。

表 2-3-10　G 镇苹果产地环境土壤评价结果 [按《绿色食品 产地环境质量》(NY/T 391—2021)]

评价指标		镉	汞	砷	铅	铬	铜	总体
单因子污染指数最大值判定	基数/个	2	2	2	2	2	2	2
	符合点位/个	2	0	2	2	2	2	0
	符合点位比例/%	100	0	100	100	100	100	0
	不符合点位/个	0	2	0	0	0	0	2
	不符合点位比例/%	0	100	0	0	0	0	100
按照综合污染指数分级情况	清洁点位/个	—	—	—	—	—	—	0
	清洁点位比例/%	—	—	—	—	—	—	0
	尚清洁点位/个	—	—	—	—	—	—	0
	尚清洁点位比例/%	—	—	—	—	—	—	0
	污染点位/个	—	—	—	—	—	—	2
	污染点位比例/%	—	—	—	—	—	—	100

表 2-3-11　W 乡苹果产地环境土壤评价结果 [按《绿色食品 产地环境质量》(NY/T 391—2021)]

评价指标		镉	汞	砷	铅	铬	铜	总体
单因子污染指数最大值判定	基数/个	6	6	6	6	6	6	6
	符合点位/个	6	5	6	6	6	6	5
	符合点位比例/%	100	83.3	100	100	100	100	83.3
	不符合点位/个	0	1	0	0	0	0	1
	不符合点位比例/%	0	16.7	0	0	0	0	16.7
按照综合污染指数分级情况	清洁点位/个	—	—	—	—	—	—	5
	清洁点位比例/%	—	—	—	—	—	—	83.3
	尚清洁点位/个	—	—	—	—	—	—	0
	尚清洁点位比例/%	—	—	—	—	—	—	0
	污染点位/个	—	—	—	—	—	—	1
	污染点位比例/%	—	—	—	—	—	—	16.7

主要污染因子为汞。按单因子污染指数进行判定,6 个园地土壤点位中,汞有 1 个点位超标,不符合点位比例为 16.7%;镉、铅、砷、铬、铜均不超标,即 W 乡 6 个苹果产地环境土壤点位中,83.3%符合《绿色食品 产地环境质量》(NY/T 391—2021)标准,适宜发展绿色食品,但要着重关注综合污染指数的变化趋势。

2.3.4.4　S 乡苹果产地环境土壤质量安全综合评价

S 乡苹果产地环境土壤按照《绿色食品 产地环境质量》(NY/T 391—2021)标准进行评价,结果见表 2-3-12。

表 2-3-12　S 乡苹果产地环境土壤评价结果[按《绿色食品 产地环境质量》(NY/T 391—2021)]

评价指标		镉	汞	砷	铅	铬	铜	总体
单因子污染指数最大值判定	基数/个	28	28	28	28	28	28	28
	符合点位/个	28	28	28	28	27	28	27
	符合点位比例/%	100	100	100	100	96.4	100	96.4
	不符合点位/个	0	0	0	0	1	0	1
	不符合点位比例/%	0	0	0	0	3.6	0	3.6
按照综合污染指数分级情况	清洁点位/个	—	—	—	—	—	—	27
	清洁点位比例/%	—	—	—	—	—	—	96.4
	尚清洁点位/个	—	—	—	—	—	—	0
	尚清洁点位比例/%	—	—	—	—	—	—	0
	污染点位/个	—	—	—	—	—	—	1
	污染点位比例/%	—	—	—	—	—	—	3.6

按单因子污染指数最大值进行判定:28 个苹果产地环境土壤点位中,有 27 个符合《绿色食品 产地环境质量》(NY/T 391—2021)标准,符合率 96.4%;1 个土壤点位不符合《绿色食品 产地环境质量》(NY/T 391—2021)标准,不符合率 3.6%。

27 个符合《绿色食品 产地环境质量》(NY/T 391—2021)标准要求的土壤点位均处于清洁状态,清洁的比例为 96.4%,尚清洁的比例为 0。

主要污染因子为铬。按单因子污染指数进行判定,28 个园地土壤点位中,铬有 1 个点位超标,不符合点位比例为 3.6%;镉、铅、砷、汞、铜均不超标。

所以,S 乡 28 个苹果产地环境土壤点位中,96.4%符合《绿色食品 产地环境质量》(NY/T 391—2021)标准,适宜发展绿色食品,但要着重关注综合污染指数的变化趋势。

2.3.4.5　J镇苹果产地环境土壤质量安全综合评价

J镇苹果产地环境土壤按照《绿色食品 产地环境质量》（NY/T 391—2021）标准进行评价的结果见表2-3-13。

表2-3-13　J镇苹果产地环境土壤评价结果［按《绿色食品 产地环境质量》（NY/T 391—2021）］

评价指标		镉	汞	砷	铅	铬	铜	总体
单因子污染指数最大值判定	基数/个	4	4	4	4	4	4	4
	符合点位/个	4	4	4	4	4	4	4
	符合点位比例/%	100	100	100	100	100	100	100
	不符合点位/个	0	0	0	0	0	0	0
	不符合点位比例/%	0	0	0	0	0	0	0
按照综合污染指数分级情况	清洁点位/个	—	—	—	—	—	—	3
	清洁点位比例/%	—	—	—	—	—	—	75.0
	尚清洁点位/个	—	—	—	—	—	—	1
	尚清洁点位比例/%	—	—	—	—	—	—	25.0
	污染点位/个	—	—	—	—	—	—	0
	污染点位比例/%	—	—	—	—	—	—	0

按单因子污染指数最大值进行判定：4个苹果产地环境土壤点位均符合《绿色食品 产地环境质量》（NY/T 391—2021）标准，符合率100%。

4个符合《绿色食品 产地环境质量》（NY/T 391—2021）标准要求的土壤点位中，3个处于清洁状态，清洁的比例为75.0%，尚清洁的比例为25.0%。

所以，J镇4个苹果产地环境土壤点位中，100%符合《绿色食品 产地环境质量》（NY/T 391—2021）标准，适宜发展绿色食品，但要着重关注综合污染指数的变化趋势。

2.3.4.6　C乡苹果产地环境土壤质量安全综合评价

C乡苹果产地环境土壤按照《绿色食品 产地环境质量》（NY/T 391—2021）标准进行评价的结果见表2-3-14。

按单因子污染指数最大值进行判定：6个苹果产地环境土壤点位全部符合《绿色食品 产地环境质量》（NY/T 391—2021）标准，符合率100%。

6个符合《绿色食品 产地环境质量》（NY/T 391—2021）标准要求的土壤点位均处于清洁状态，清洁的比例为100%。

所以,C 乡 6 个苹果产地环境土壤点位中,100%符合《绿色食品 产地环境质量》(NY/T 391—2021)标准,适宜发展绿色食品,但要着重关注综合污染指数的变化趋势。

表 2-3-14 C 乡苹果产地环境土壤评价结果[按《绿色食品 产地环境质量》(NY/T 391—2021)]

	评价指标	镉	汞	砷	铅	铬	铜	总体
单因子污染指数最大值判定	基数/个	6	6	6	6	6	6	6
	符合点位/个	6	6	6	6	6	6	6
	符合点位比例/%	100	100	100	100	100	100	100
	不符合点位/个	0	0	0	0	0	0	0
	不符合点位比例/%	0	0	0	0	0	0	0
按照综合污染指数分级情况	清洁点位/个	—	—	—	—	—	—	6
	清洁点位比例/%	—	—	—	—	—	—	100
	尚清洁点位/个	—	—	—	—	—	—	0
	尚清洁点位比例/%	—	—	—	—	—	—	0
	污染点位/个	—	—	—	—	—	—	0
	污染点位比例/%	—	—	—	—	—	—	0

2.3.4.7 K 乡苹果产地环境土壤质量安全综合评价

K 乡苹果产地环境土壤按照《绿色食品 产地环境质量》(NY/T 391—2021)标准进行评价的结果见表 2-3-15。

按单因子污染指数最大值进行判定:1 个苹果产地环境土壤点位符合《绿色食品 产地环境质量》(NY/T 391—2021)标准,符合率 100%,处于尚清洁状态。

所以,K 乡 1 个苹果产地环境土壤点位,符合《绿色食品 产地环境质量》(NY/T 391—2021)标准,适宜发展绿色食品,但要着重关注综合污染指数的变化趋势。

2.3.4.8 P 镇苹果产地环境土壤质量安全综合评价

P 镇苹果产地环境土壤按照《绿色食品 产地环境质量》(NY/T 391—2021)标准进行评价的结果见表 2-3-16。

按单因子污染指数最大值进行判定:2 个苹果产地环境土壤点位均符合《绿色食品 产地环境质量》(NY/T 391—2021)标准,符合率 100%,均处于清洁状态。

所以,P 镇 2 个苹果产地环境土壤点位均符合《绿色食品 产地环境质量》(NY/T 391—2021)标准,适宜发展绿色食品,但要着重关注综合污染指数的变化趋势。

表 2-3-15　K 乡苹果产地环境土壤评价结果［按《绿色食品 产地环境质量》(NY/T 391—2021) ］

	评价指标	镉	汞	砷	铅	铬	铜	总体
单因子污染指数最大值判定	基数/个	1	1	1	1	1	1	1
	符合点位/个	1	1	1	1	1	1	1
	符合点位比例/%	100	100	100	100	100	100	100
	不符合点位/个	0	0	0	0	0	0	0
	不符合点位比例/%	0	0	0	0	0	0	0
按照综合污染指数分级情况	清洁点位/个	—	—	—	—	—	—	0
	清洁点位比例/%	—	—	—	—	—	—	0
	尚清洁点位/个	—	—	—	—	—	—	1
	尚清洁点位比例/%	—	—	—	—	—	—	100
	污染点位/个	—	—	—	—	—	—	0
	污染点位比例/%	—	—	—	—	—	—	0

表 2-3-16　P 镇苹果产地环境土壤评价结果［按《绿色食品 产地环境质量》(NY/T 391—2021) ］

	评价指标	镉	汞	砷	铅	铬	铜	总体
单因子污染指数最大值判定	基数/个	2	2	2	2	2	2	2
	符合点位/个	2	2	2	2	2	2	2
	符合点位比例/%	100	100	100	100	100	100	100
	不符合点位/个	0	0	0	0	0	0	0
	不符合点位比例/%	0	0	0	0	0	0	0
按照综合污染指数分级情况	清洁点位/个	—	—	—	—	—	—	2
	清洁点位比例/%	—	—	—	—	—	—	100
	尚清洁点位/个	—	—	—	—	—	—	0
	尚清洁点位比例/%	—	—	—	—	—	—	0
	污染点位/个	—	—	—	—	—	—	0
	污染点位比例/%	—	—	—	—	—	—	0

2.3.4.9　Z 镇苹果产地环境土壤质量安全综合评价

Z 镇苹果产地环境土壤按照《绿色食品 产地环境质量》(NY/T 391—2021)标准进行评价的结果见表 2-3-17。

按单因子污染指数最大值进行判定:Z 镇 1 个苹果产地环境土壤点位符合《绿色食品产地环境质量》(NY/T 391—2021)标准,处于清洁状态。

所以,Z 镇 1 个苹果产地环境土壤点位符合《绿色食品 产地环境质量》(NY/T 391—2021)标准,适宜发展绿色食品,但要着重关注综合污染指数的变化趋势。

表 2-3-17　Z 镇苹果产地环境土壤评价结果[按《绿色食品 产地环境质量》(NY/T 391—2021)]

评价指标		镉	汞	砷	铅	铬	铜	总体
单因子污染指数最大值判定	基数/个	1	1	1	1	1	1	1
	符合点位/个	1	1	1	1	1	1	1
	符合点位比例/%	100	100	100	100	100	100	100
	不符合点位/个	0	0	0	0	0	0	0
	不符合点位比例/%	0	0	0	0	0	0	0
按照综合污染指数分级情况	清洁点位/个	—	—	—	—	—	—	1
	清洁点位比例/%	—	—	—	—	—	—	100
	尚清洁点位/个	—	—	—	—	—	—	0
	尚清洁点位比例/%	—	—	—	—	—	—	0
	污染点位/个	—	—	—	—	—	—	0
	污染点位比例/%	—	—	—	—	—	—	0

2.4　土壤污染风险分类评价

按照《土壤环境质量 农用地土壤污染风险管控标准(试行)》(GB 15618—2018)的要求,对 L 市苹果产地环境土壤质量进行评价。先按单项污染物来划分评价单元类别,取最严格的单元类别作为该评价单元的类别,从而判断评价单元土壤环境质量类别,并依据评价结果给出安全生产建议。

2.4.1　按单项污染物划分评价单元类别

先按单项污染物(8 个重金属元素)来划分评价单元类别(见表 2-4-1),结果如下:

表 2-4-1　按单项污染物划分土壤评价单元类别

区域	点位/个	单元类别数量/个									
		类别	镉	汞	砷	铅	铬	铜	镍	锌	总体
G 镇	2	A 类	2	2	2	2	2	2	2	2	2
		B 类	0	0	0	0	0	0	0	0	0
		C 类	0	0	0	0	0	0	0	0	0
W 乡	6	A 类	6	6	6	6	6	6	6	6	6
		B 类	0	0	0	0	0	0	0	0	0
		C 类	0	0	0	0	0	0	0	0	0
S 乡	28	A 类	28	28	28	28	28	28	28	28	28
		B 类	0	0	0	0	0	0	0	0	0
		C 类	0	0	0	0	0	0	0	0	0
J 镇	4	A 类	4	4	4	4	4	4	4	4	4
		B 类	0	0	0	0	0	0	0	0	0
		C 类	0	0	0	0	0	0	0	0	0
C 乡	6	A 类	6	6	6	6	6	6	6	6	6
		B 类	0	0	0	0	0	0	0	0	0
		C 类	0	0	0	0	0	0	0	0	0
K 乡	1	A 类	1	1	1	1	1	1	1	1	1
		B 类	0	0	0	0	0	0	0	0	0
		C 类	0	0	0	0	0	0	0	0	0
P 镇	2	A 类	2	2	2	2	2	2	2	2	2
		B 类	0	0	0	0	0	0	0	0	0
		C 类	0	0	0	0	0	0	0	0	0
Z 镇	1	A 类	1	1	1	1	1	1	1	1	1
		B 类	0	0	0	0	0	0	0	0	0
		C 类	0	0	0	0	0	0	0	0	0
合计	50	A 类	50	50	50	50	50	50	50	50	50
		B 类	0	0	0	0	0	0	0	0	0
		C 类	0	0	0	0	0	0	0	0	0

分别按照镉、汞、砷、铅、铬、铜、镍、锌元素划分评价单元类别,50 个土壤点位均为 A 类,无 B 类和 C 类土壤点位,即按照 8 个元素划分评价单元类别,50 个土壤点位全部为优先保护类(A 类)。

2.4.2　评价单元土壤环境质量类别判断

判定每项污染物代表的评价单元类别后,取最严格的作为该评价单元的类别,从而判断评价单元土壤环境质量类别(见表 2-4-1)。由表 2-4-1 可以看出:50 个土壤点位均为 A 类,无 B 类和 C 类土壤点位,即按照最严格的单项污染物代表的评价单元类别作为该评价单元的类别,50 个土壤点位均为优先保护类,存在食用农产品不符合安全指标等土壤污染风险,但风险较低,一般情况下可以忽略不计。

2.5　产地环境土壤质量安全评价小结

2.5.1　土壤质量安全评价

从《绿色食品 产地环境质量》(NY/T 391—2021)评价结果来看,全市区域 50 个苹果园地土壤点位中,按单因子污染指数最大值判定,符合要求的点位比例为 92.0%,不符合要求的点位比例为 8.0%,有 4 个土壤点位不符合种植业绿色食品产地环境质量标准。主要污染因子为汞(G 镇 2 个点位、W 乡 1 个点位汞超标),其次为铬(S 乡 1 个点位铬超标),即 L 市 50 个苹果园地土壤点位中有 92.0% 适合种植绿色食品。

按照《绿色食品 产地环境调查、监测与评价规范》(NY/T 1054—2021)评价要求,对符合要求的土壤点位再按照综合污染指数进行分级:符合要求的 92.0% 土壤点位中,处于清洁状态的比例为 88.0%,处于尚清洁状态的比例为 4.0%,即 L 市 50 个苹果园地土壤点位中有 92.0% 适宜种植绿色食品,但要着重关注综合污染指数的变化趋势。

2.5.2　土壤污染风险分类评价

从评价结果来看,L 市 50 个苹果园地土壤点位中,按单项污染物(镉、汞、砷、铅、铬、铜、镍、锌)来划分,50 个土壤点位均为 A 类点位;按照最严格的单项污染物代表的评价单元类别作为该评价单元的类别时,50 个土壤点位均为 A 类点位,比例为 100%,没有 B 类点位和 C 类点位,即 L 市 50 个苹果园地土壤点位中,100% 的土壤点位属于优先保护类,存在食用农产品不符合安全指标等土壤污染风险,但风险较低,一般情况下可以忽略不计。

第 3 章　苹果产地环境灌溉水质量评价

农田灌溉水质直接影响苹果等食用农产品的生长和发育,进而影响农产品的安全性。本章以 L 市为实例,从安全生产角度,分析苹果园灌溉水中重金属、氟化物等污染物含量水平,并对照《绿色食品 产地环境质量》(NY/T 391—2021)及《绿色食品 产地环境调查、监测与评价规范》(NY/T 1054—2021),对 L 市苹果产地环境灌溉水质量安全作出评价,并对种植业绿色食品的适宜性提出建议。

3.1　评价过程

3.1.1　评价时间

评价时间为 2021—2024 年。

3.1.2　监测区域及评价对象

监测区域为苹果产区 L 市,评价对象为苹果产地环境灌溉水中重金属、氟化物等污染物。

3.1.2.1　布点原则

灌溉水样品分布主要依据《绿色食品 产地环境调查、监测与评价规范》(NY/T 1054—2021),同时结合水系或灌溉水源分布状况,以乡镇为单元进行设置。

3.1.2.2　样品数量与分布

每个乡镇设置 1 个灌溉水样品,8 个乡镇共设置 8 个灌溉水样品,具体样品数量及分布见表 3-1-1。

表 3-1-1　样品数量及分布情况

采样区域	样品数量/个	样品类别
S 乡	1	灌溉水
C 乡	1	灌溉水
Z 镇	1	灌溉水
W 乡	1	灌溉水
J 镇	1	灌溉水
K 乡	1	灌溉水
G 镇	1	灌溉水
P 镇	1	灌溉水
合计	8	—

3.1.3　评价参数及评价指标

依据《绿色食品 产地环境质量》(NY/T 391—2021)、《绿色食品 产地环境调查、监测与评价规范》(NY/T 1054—2021),对 L 市苹果产地环境灌溉水安全状况作出评价。本书中灌溉水质量安全重点关注 pH、总汞、总镉、总砷、总铅、六价铬、氟化物、化学需氧量、石油类共 9 项基本评价指标,具体评价指标见表 3-1-2。

表 3-1-2　灌溉水评价参数和评价指标[按《绿色食品 产地环境质量》(NY/T 391—2021)]

项目	指标	检测依据
pH	5.5~8.5	GB 6920
总汞/(mg/L)	≤0.001	HJ 694
总镉/(mg/L)	≤0.005	GB 7475
总砷/(mg/L)	≤0.05	HJ 694
总铅/(mg/L)	≤0.1	GB 7475
六价铬/(mg/L)	≤0.1	GB 7467
氟化物/(mg/L)	≤2.0	GB 7484
化学需氧量(COD$_{Cr}$)/(mg/L)	≤60	HJ 828
石油类/(mg/L)	≤1.0	HJ 970

3.1.4　评价方法

参照《绿色食品 产地环境调查、监测与评价规范》(NY/T 1054—2021)中规定的方法,采用污染指数评价法进行评估。对于有检出限的未检出项目,污染物实测值取检出限的一半进行计算;对于没有检出限的未检出项目,污染物实测值取 0 进行计算。

(1)进行单项污染指数评价,其计算公式见式(3-1-1),水质 pH 的单项污染指数计算公式见式(3-1-2):

$$P_i = \frac{C_i}{S_i} \tag{3-1-1}$$

式中　P_i——监测项目 i 的污染指数(无量纲);

　　　C_i——监测项目 i 的实测值;

　　　S_i——监测项目 i 的评价标准值。

$$P_{pH} = \frac{|pH - pH_{sm}|}{(pH_{su} - pH_{sd})/2} \tag{3-1-2}$$

其中,$pH_{sm} = \frac{1}{2}(pH_{su} + pH_{sd})$。

式中　P_{pH}——pH 的污染指数；

　　　　pH——pH 的实测值；

　　　　pH_{su}——pH 允许幅度的上限值；

　　　　pH_{sd}——pH 允许幅度的下限值。

（2）如果有 1 项单项污染指数大于 1，则视为该产地环境质量不符合要求，不宜发展绿色食品。

（3）分级与描述。

如果单项污染指数均小于或等于 1，则继续进行综合污染指数评价。综合污染指数按照式（3-1-3）进行计算，并按表 3-1-3 规定进行分级。综合污染指数可作为长期绿色食品生产环境变化趋势的评价指标。

$$P_{综} = \sqrt{\frac{(C_i/S_i)_{max}^2 + (C_i/S_i)_{ave}^2}{2}} \tag{3-1-3}$$

式中　$P_{综}$——水质的综合污染指数；

　　　　$(C_i/S_i)_{max}$——水质污染物中污染指数的最大值；

　　　　$(C_i/S_i)_{ave}$——水质污染物中污染指数的平均值。

表 3-1-3　综合污染指数分级标准［按《绿色食品 产地环境调查、监测与评价规范》
（NY/T 1054—2021）］

序号	水质综合污染指数	等级
1	≤0.5	清洁
2	0.5~1.0	尚清洁

3.2　灌溉水质量安全限制因子水平分析

3.2.1　pH

pH 是衡量农田灌溉水质的一个重要指标，对于植物的生长和养分吸收有着直接影响。根据《绿色食品 产地环境质量》（NY/T 391—2021），农田灌溉水的 pH 应保持在 5.5~8.5。在此范围内可确保灌溉水对植物既不过酸也不过碱，对大多数农作物生长有利。如果 pH 过高或过低，都可能对植物产生不利影响，影响其正常生长和发育。

L 市苹果园灌溉水 pH 测定结果见表 3-2-1。从结果来看，L 市苹果园灌溉水 pH 总体变幅范围为 7.4~8.3，平均值为 7.9。就平均值来说，不同乡镇果园灌溉水 pH 差异不太明显，平均值从大到小依次为：P 镇（pH=8.3）>W 乡、S 乡（pH=8.2）>G 镇、C 乡、Z 镇（pH=7.9）>J 镇（pH=7.7）>K 乡（pH=7.4）。平均值最高的 P 镇（pH=8.3）仅比平均值最低的 K 乡（pH=7.4）高了 0.9。所有点位灌溉水 pH 均在《绿色食品 产地环境质量》（NY/T 391—2021）标准要求范围之内。

表 3-2-1　灌溉水 pH 测定结果

区域	基数/个	pH	说明
G 镇	1	7.9	指标要求范围内
W 乡	1	8.2	指标要求范围内
S 乡	1	8.2	指标要求范围内
J 镇	1	7.7	指标要求范围内
C 乡	1	7.9	指标要求范围内
K 乡	1	7.4	指标要求范围内
P 镇	1	8.3	指标要求范围内
Z 镇	1	7.9	指标要求范围内

3.2.2　化学需氧量

　　化学需氧量是衡量水体中有机物质量的指标之一。化学需氧量过高的灌溉水会导致土壤中的有机物质积累过多而影响土壤的通气性和保水性,从而影响作物的正常生长。根据《绿色食品 产地环境质量》(NY/T 391—2021),农田灌溉水的化学需氧量应不大于60 mg/L。

　　L 市苹果园灌溉水化学需氧量测定结果见表 3-2-2。从结果来看,L 市苹果园灌溉水化学需氧量测定结果均为未检出(小于检出限 4 mg/L)或小于定量限(16 mg/L),没有超标样品,即所有点位灌溉水化学需氧量均在《绿色食品 产地环境质量》(NY/T 391—2021)标准要求范围之内。

表 3-2-2　灌溉水化学需氧量测定结果

区域	基数/个	化学需氧量/(mg/L)	说明
G 镇	1	<16	低于限量
W 乡	1	未检出	低于限量
S 乡	1	<16	低于限量
J 镇	1	<16	低于限量
C 乡	1	<16	低于限量
K 乡	1	未检出	低于限量
P 镇	1	<16	低于限量
Z 镇	1	<16	低于限量

注:化学需氧量检出限为 4 mg/L。

3.2.3　石油类

石油类物质在灌溉水中对环境和人类健康造成的危害是严重的。根据《绿色食品 产地环境质量》(NY/T 391—2021),农田灌溉水中石油类物质应不大于 1.0 mg/L。

L 市苹果园灌溉水石油类物质测定结果见表 3-2-3。从结果来看,L 市苹果园灌溉水石油类物质测定结果为未检出(小于检出限 0.01 mg/L)或小于定量限(0.04 mg/L),没有超标样品,即所有点位灌溉水石油类物质均在《绿色食品 产地环境质量》(NY/T 391—2021)标准要求范围之内。

表 3-2-3　灌溉水石油类物质测定结果

区域	基数/个	石油类/(mg/L)	说明
G 镇	1	<0.04	低于限量
W 乡	1	未检出	低于限量
S 乡	1	<0.04	低于限量
J 镇	1	<0.04	低于限量
C 乡	1	未检出	低于限量
K 乡	1	<0.04	低于限量
P 镇	1	未检出	低于限量
Z 镇	1	<0.04	低于限量

注:石油类物质检出限为 0.01 mg/L。

3.2.4　汞

汞是一种环境中毒性极强的重金属元素,其化合物具有不同程度的毒性,灌溉水中汞的危害主要体现在对植物和人类健康的直接影响。根据《绿色食品 产地环境质量》(NY/T 391—2021),农田灌溉水中汞应不大于 0.001 mg/L。

L 市苹果园灌溉水汞测定结果见表 3-2-4。从结果来看,L 市苹果园灌溉水汞测定结果均为未检出(小于检出限 0.000 1 mg/L),没有超标样品,即所有点位灌溉水汞均在《绿色食品 产地环境质量》(NY/T 391—2021)标准要求范围之内。

3.2.5　镉

灌溉水中镉的危害主要体现为在土壤和农产品中累积,以及对人体健康的潜在风险。根据《绿色食品 产地环境质量》(NY/T 391—2021),农田灌溉水中镉应不大于 0.005 mg/L。

表 3-2-4　灌溉水汞测定结果

区域	基数/个	汞/(mg/L)	说明
G 镇	1	未检出	低于限量
W 乡	1	未检出	低于限量
S 乡	1	未检出	低于限量
J 镇	1	未检出	低于限量
C 乡	1	未检出	低于限量
K 乡	1	未检出	低于限量
P 镇	1	未检出	低于限量
Z 镇	1	未检出	低于限量

注:汞检出限为 0.000 1 mg/L。

　　L 市苹果园灌溉水镉测定结果见表 3-2-5。从结果来看,L 市苹果园灌溉水镉测定结果均为未检出(小于检出限 0.001 mg/L),没有超标样品,即所有点位灌溉水镉均在《绿色食品 产地环境质量》(NY/T 391—2021)标准要求范围之内。

表 3-2-5　灌溉水镉测定结果

区域	基数/个	镉/(mg/L)	说明
G 镇	1	未检出	低于限量
W 乡	1	未检出	低于限量
S 乡	1	未检出	低于限量
J 镇	1	未检出	低于限量
C 乡	1	未检出	低于限量
K 乡	1	未检出	低于限量
P 镇	1	未检出	低于限量
Z 镇	1	未检出	低于限量

注:镉检出限为 0.001 mg/L。

3.2.6　砷

灌溉水中砷对环境和人类健康造成的危害是严重的。根据《绿色食品 产地环境质量》(NY/T 391—2021),农田灌溉水中砷应不大于 0.05 mg/L。

L 市苹果园灌溉水砷测定结果见表 3-2-6。从结果来看,L 市苹果园灌溉水中,J 镇和 C 乡两个点位砷测定结果分别为 0.001 3 mg/L 和 0.001 7 mg/L,均低于农田灌溉水中砷的限量要求,其余点位砷测定结果均为未检出(小于检出限 0.001 mg/L),没有超标样品,即所有点位灌溉水砷均在《绿色食品 产地环境质量》(NY/T 391—2021)标准要求范围之内。

表 3-2-6　灌溉水砷测定结果

区域	基数/个	砷/(mg/L)	说明
G 镇	1	未检出	低于限量
W 乡	1	未检出	低于限量
S 乡	1	未检出	低于限量
J 镇	1	0.001 3	低于限量
C 乡	1	0.001 7	低于限量
K 乡	1	未检出	低于限量
P 镇	1	未检出	低于限量
Z 镇	1	未检出	低于限量

注:砷检出限为 0.001 mg/L。

3.2.7　铅

铅是一种金属性物质,铅及其化合物均有毒。灌溉水中铅的危害主要体现在对土壤污染、植物生长的影响,以及存在的对人体健康的潜在风险。根据《绿色食品 产地环境质量》(NY/T 391—2021),农田灌溉水中铅应不大于 0.1 mg/L。

L 市苹果园灌溉水铅测定结果见表 3-2-7。从结果来看,L 市苹果园灌溉水中铅测定结果均为未检出(小于检出限 0.01 mg/L),没有超标样品,即所有点位灌溉水中铅均在《绿色食品 产地环境质量》(NY/T 391—2021)标准要求范围之内。

3.2.8　六价铬

铬的毒性与其存在价态有关,通常认为六价铬的毒性比三价铬高 100 倍,而且六价铬更易被人体吸收并在体内蓄积。根据《绿色食品 产地环境质量》(NY/T 391—2021),农田灌溉水中六价铬应不大于 0.1 mg/L。

表 3-2-7　灌溉水铅测定结果

区域	基数/个	铅/（mg/L）	说明
G 镇	1	未检出	低于限量
W 乡	1	未检出	低于限量
S 乡	1	未检出	低于限量
J 镇	1	未检出	低于限量
C 乡	1	未检出	低于限量
K 乡	1	未检出	低于限量
P 镇	1	未检出	低于限量
Z 镇	1	未检出	低于限量

注：铅检出限为 0.01 mg/L。

　　L 市苹果园灌溉水六价铬测定结果见表 3-2-8。从结果来看，L 市苹果园灌溉水中六价铬测定范围为 0.005 5～0.041 0 mg/L，平均值 0.012 8 mg/L。就平均值来说，不同乡镇果园灌溉水中六价铬浓度差异不太明显，平均值从大到小依次为：G 镇（0.041 0 mg/L）＞Z 镇（0.013 0 mg/L）＞J 镇（0.012 0 mg/L）＞C 乡（0.009 0 mg/L）＞K 乡（0.008 2 mg/L）＞W 乡（0.007 0 mg/L）＞P 镇（0.006 4 mg/L）＞S 乡（0.005 5 mg/L），均低于农田灌溉水中六价铬 0.1 mg/L 的限量要求，没有超标样品，即所有点位灌溉水中六价铬均在《绿色食品 产地环境质量》（NY/T 391—2021）标准要求范围之内。

表 3-2-8　灌溉水六价铬测定结果

区域	基数/个	六价铬/（mg/L）	说明
G 镇	1	0.041 0	低于限量
W 乡	1	0.007 0	低于限量
S 乡	1	0.005 5	低于限量
J 镇	1	0.012 0	低于限量
C 乡	1	0.009 0	低于限量
K 乡	1	0.008 2	低于限量
P 镇	1	0.006 4	低于限量
Z 镇	1	0.013 0	低于限量

3.2.9　氟化物

水中氟化物是指自然界或人类活动过程中,溶解在水中的一种化合物。水中氟化物超标不仅会污染土壤,而且会影响农作物的生长和产品质量,进而损害人体健康。根据《绿色食品 产地环境质量》(NY/T 391—2021),农田灌溉水中氟化物应不大于2.0 mg/L。

L市苹果园灌溉水中氟化物测定结果见表3-2-9。从结果来看,L市苹果园灌溉水中氟化物测定范围为0.116~0.510 mg/L,平均值0.255 mg/L。就平均值来说,不同乡镇果园灌溉水中氟化物差异不太明显,平均值从大到小依次为:C乡(0.510 mg/L)>J镇(0.301 mg/L)>K乡(0.280 mg/L)>W乡(0.221 mg/L)>G镇(0.208 mg/L)>Z镇(0.206 mg/L)>S乡(0.196 mg/L)>P镇(0.116 mg/L),均低于农田灌溉水中氟化物2.0 mg/L的限量要求,没有超标样品,即所有点位灌溉水中氟化物均在《绿色食品 产地环境质量》(NY/T 391—2021)标准要求范围之内。

表3-2-9　灌溉水中氟化物测定结果

区域	基数/个	氟化物/(mg/L)	说明
G镇	1	0.208	低于限量
W乡	1	0.221	低于限量
S乡	1	0.196	低于限量
J镇	1	0.301	低于限量
C乡	1	0.510	低于限量
K乡	1	0.280	低于限量
P镇	1	0.116	低于限量
Z镇	1	0.206	低于限量

3.3　灌溉水质量安全评价

3.3.1　单污染因子评价

3.3.1.1　pH

依据《绿色食品 产地环境质量》(NY/T 391—2021)的要求,灌溉水中pH评价结果见表3-3-1。从统计结果来看,L市苹果主栽区8个灌溉水样品中,pH单项污染指数范围为0.27~0.87,最大值为0.87,均小于1,即就灌溉水pH来说,均符合《绿色食品 产地环境质量》(NY/T 391—2021)的要求,适宜发展绿色食品。

表 3-3-1　灌溉水中 pH 评价结果[按《绿色食品 产地环境质量》(NY/T 391—2021)]

区域	基数/个	pH指数	符合		不符合	
			样品数量/个	比例/%	样品数量/个	比例/%
G 镇	1	0.60	1	100	0	—
W 乡	1	0.80	1	100	0	—
S 乡	1	0.80	1	100	0	—
J 镇	1	0.47	1	100	0	—
C 乡	1	0.60	1	100	0	—
K 乡	1	0.27	1	100	0	—
P 镇	1	0.87	1	100	0	—
Z 镇	1	0.60	1	100	0	—
合 计	8	—	8	100	0	—

3.3.1.2　总汞

依据《绿色食品 产地环境质量》(NY/T 391—2021)的要求,灌溉水中总汞评价结果见表 3-3-2。从统计结果来看,L 市苹果主栽区 8 个灌溉水样品中,总汞单项污染指数均为 0.05,小于 1,即就灌溉水中总汞来说,均符合《绿色食品 产地环境质量》(NY/T 391—2021)的要求,适宜发展绿色食品,表明 L 市苹果主栽区灌溉水没有受到汞的污染或者污染不明显。

表 3-3-2　灌溉水中总汞评价结果[按《绿色食品 产地环境质量》(NY/T 391—2021)]

区域	基数/个	污染指数	符合		不符合	
			样品数量/个	比例/%	样品数量/个	比例/%
G 镇	1	0.05	1	100	0	—
W 乡	1	0.05	1	100	0	—
S 乡	1	0.05	1	100	0	—
J 镇	1	0.05	1	100	0	—
C 乡	1	0.05	1	100	0	—
K 乡	1	0.05	1	100	0	—
P 镇	1	0.05	1	100	0	—
Z 镇	1	0.05	1	100	0	—
合 计	8	—	8	100	0	—

3.3.1.3　总镉

依据《绿色食品 产地环境质量》(NY/T 391—2021)的要求,灌溉水中总镉评价结果见表3-3-3。从统计结果来看,L市苹果主栽区8个灌溉水样品中,总镉单项污染指数均为0.10,小于1,即就灌溉水中总镉来说,均符合《绿色食品 产地环境质量》(NY/T 391—2021)的要求,适宜发展绿色食品,表明L市苹果主栽区灌溉水没有受到镉的污染或者污染不明显。

表3-3-3　灌溉水中总镉评价结果[按《绿色食品 产地环境质量》(NY/T 391—2021)]

区域	基数/个	污染指数	符合		不符合	
			样品数量/个	比例/%	样品数量/个	比例/%
G镇	1	0.10	1	100	0	—
W乡	1	0.10	1	100	0	—
S乡	1	0.10	1	100	0	—
J镇	1	0.10	1	100	0	—
C乡	1	0.10	1	100	0	—
K乡	1	0.10	1	100	0	—
P镇	1	0.10	1	100	0	—
Z镇	1	0.10	1	100	0	—
合计	8	—	8	100	0	—

3.3.1.4　总砷

依据《绿色食品 产地环境质量》(NY/T 391—2021)的要求,灌溉水中总砷评价结果见表3-3-4。从统计结果来看,L市苹果主栽区8个灌溉水样品中,总砷单项污染指数范围为0.01~0.034,最大值为0.034,均小于1,即就灌溉水中总砷来说,均符合《绿色食品 产地环境质量》(NY/T 391—2021)的要求,适宜发展绿色食品,表明L市苹果主栽区灌溉水没有受到砷的污染或者污染不明显。

3.3.1.5　总铅

依据《绿色食品 产地环境质量》(NY/T 391—2021)的要求,灌溉水中总铅评价结果见表3-3-5。从统计结果来看,L市苹果主栽区8个灌溉水样品中,总铅单项污染指数均为0.05,小于1,即就灌溉水中总铅来说,均符合《绿色食品 产地环境质量》(NY/T 391—2021)的要求,适宜发展绿色食品,表明L市苹果主栽区灌溉水没有受到铅的污染或者污染不明显。

表 3-3-4　灌溉水中总砷评价结果[按《绿色食品 产地环境质量》(NY/T 391—2021)]

区域	基数/个	污染指数	符合		不符合	
			样品数量/个	比例/%	样品数量/个	比例/%
G 镇	1	0.01	1	100	0	—
W 乡	1	0.01	1	100	0	—
S 乡	1	0.01	1	100	0	—
J 镇	1	0.026	1	100	0	—
C 乡	1	0.034	1	100	0	—
K 乡	1	0.01	1	100	0	—
P 镇	1	0.01	1	100	0	—
Z 镇	1	0.01	1	100	0	—
合计	8	—	8	100	0	—

表 3-3-5　灌溉水中总铅评价结果[按《绿色食品 产地环境质量》(NY/T 391—2021)]

区域	基数/个	污染指数	符合		不符合	
			样品数量/个	比例/%	样品数量/个	比例/%
G 镇	1	0.05	1	100	0	—
W 乡	1	0.05	1	100	0	—
S 乡	1	0.05	1	100	0	—
J 镇	1	0.05	1	100	0	—
C 乡	1	0.05	1	100	0	—
K 乡	1	0.05	1	100	0	—
P 镇	1	0.05	1	100	0	—
Z 镇	1	0.05	1	100	0	—
合计	8	—	8	100	0	—

3.3.1.6　六价铬

依据《绿色食品 产地环境质量》(NY/T 391—2021)的要求,灌溉水中六价铬评价结果见表3-3-6。从统计结果来看,L市苹果主栽区8个灌溉水样品中,六价铬单项污染指数范围为0.06~0.41,最大值为0.41,均小于1,即就灌溉水中六价铬来说,均符合《绿色食品 产地环境质量》(NY/T 391—2021)的要求,适宜发展绿色食品,表明L市苹果主栽区灌溉水没有受到六价铬的污染或者污染不明显。

表3-3-6　灌溉水中六价铬评价结果[按《绿色食品 产地环境质量》(NY/T 391—2021)]

区域	基数/个	污染指数	符合		不符合	
			样品数量/个	比例/%	样品数量/个	比例/%
G镇	1	0.41	1	100	0	—
W乡	1	0.07	1	100	0	—
S乡	1	0.06	1	100	0	—
J镇	1	0.12	1	100	0	—
C乡	1	0.09	1	100	0	—
K乡	1	0.08	1	100	0	—
P镇	1	0.06	1	100	0	—
Z镇	1	0.13	1	100	0	—
合计	8	—	8	100	0	—

3.3.1.7　氟化物

依据《绿色食品 产地环境质量》(NY/T 391—2021)的要求,灌溉水中氟化物评价结果见表3-3-7。从统计结果来看,L市苹果主栽区8个灌溉水样品中,氟化物单项污染指数范围为0.06~0.26,最大值为0.26,均小于1,即就灌溉水中氟化物来说,均符合《绿色食品 产地环境质量》(NY/T 391—2021)的要求,适宜发展绿色食品,表明L市苹果主栽区灌溉水没有受到氟化物的污染或者污染不明显。

3.3.1.8　化学需氧量

依据《绿色食品 产地环境质量》(NY/T 391—2021)的要求,灌溉水中化学需氧量评价结果见表3-3-8。从统计结果来看,L市苹果主栽区8个灌溉水样品中,化学需氧量单项污染指数均为0.03,均小于1,即就灌溉水中化学需氧量来说,均符合《绿色食品 产地环境质量》(NY/T 391—2021)的要求,适宜发展绿色食品。

表 3-3-7 灌溉水中氟化物评价结果[按《绿色食品 产地环境质量》(NY/T 391—2021)]

区域	基数/个	污染指数	符合		不符合	
			样品数量/个	比例/%	样品数量/个	比例/%
G 镇	1	0.10	1	100	0	—
W 乡	1	0.11	1	100	0	—
S 乡	1	0.10	1	100	0	—
J 镇	1	0.15	1	100	0	—
C 乡	1	0.26	1	100	0	—
K 乡	1	0.14	1	100	0	—
P 镇	1	0.06	1	100	0	—
Z 镇	1	0.10	1	100	0	—
合计	8	—	8	100	0	—

表 3-3-8 灌溉水中化学需氧量评价结果[按《绿色食品 产地环境质量》(NY/T 391—2021)]

区域	基数/个	污染指数	符合		不符合	
			样品数量/个	比例/%	样品数量/个	比例/%
G 镇	1	0.03	1	100	0	—
W 乡	1	0.03	1	100	0	—
S 乡	1	0.03	1	100	0	—
J 镇	1	0.03	1	100	0	—
C 乡	1	0.03	1	100	0	—
K 乡	1	0.03	1	100	0	—
P 镇	1	0.03	1	100	0	—
Z 镇	1	0.03	1	100	0	—
合计	8	—	8	100	0	—

3.3.1.9 石油类

依据《绿色食品 产地环境质量》(NY/T 391—2021)的要求,灌溉水中石油类的评价结果见表3-3-9。从统计结果来看,L市苹果主栽区8个灌溉水样品中,石油类单项污染指数均为0.05,小于1,即就灌溉水中石油类来说,均符合《绿色食品 产地环境质量》(NY/T 391—2021)的要求,适宜发展绿色食品,表明L市苹果主栽区灌溉水没有受到石油类物质的污染或者污染不明显。

表3-3-9　灌溉水中石油类物质评价结果[(按《绿色食品 产地环境质量》(NY/T 391—2021)]

区域	基数/个	污染指数	符合		不符合	
			样品数量/个	比例/%	样品数量/个	比例/%
G镇	1	0.05	1	100	0	—
W乡	1	0.05	1	100	0	—
S乡	1	0.05	1	100	0	—
J镇	1	0.05	1	100	0	—
C乡	1	0.05	1	100	0	—
K乡	1	0.05	1	100	0	—
P镇	1	0.05	1	100	0	—
Z镇	1	0.05	1	100	0	—
合计	8	0.05	8	100	0	—

3.3.2　水质符合性评价

依据《绿色食品 产地环境质量》(NY/T 391—2021)的要求,L市苹果主栽区灌溉水质符合性评价结果见表3-3-10。L市苹果主栽区8个灌溉水样品中,单因子污染指数最大值范围为0.27~0.87,均小于1,即按照单项污染指数最大值判定,L市苹果主栽区8个灌溉水样品均符合要求,符合比例为100%,即就灌溉水来说,适宜发展绿色食品。

3.3.3　水质按照综合污染指数分级情况

对单因子污染指数均小于或等于1即符合《绿色食品 产地环境质量》(NY/T 391—2021)要求的灌溉水样品,继续进行综合污染指数评价。按照综合污染指数进行污染状况分级,可作为长期绿色食品生产环境变化趋势的评价参考,分级情况见表3-3-11。由表3-3-11可以看出,L市苹果主栽区8个灌溉水样品中,综合污染指数范围为0.20~0.62,其中K乡、Z镇、C乡、J镇、G镇灌溉水样品处于清洁状态(综合污染指数≤0.5),而S乡、W乡及P镇灌溉水样品处于尚清洁状态(综合污染指数0.5~1.0),其中清洁的比例为62.5%,尚清洁的比例为37.5%,均符合《绿色食品 产地环境质量》(NY/T 391—2021)的要求,表明L市苹果主栽区灌溉水质较好或受污染不明显。

表 3-3-10 灌溉水按照单项污染指数最大值判定

区域	基数/个	单项污染指数最大值	判定结果			
			符合		不符合	
			样品数量/个	比例/%	样品数量/个	比例/%
S 乡	1	0.80	1	100	0	0
K 乡	1	0.27	1	100	0	0
W 乡	1	0.80	1	100	0	0
Z 镇	1	0.60	1	100	0	0
C 乡	1	0.60	1	100	0	0
J 镇	1	0.47	1	100	0	0
P 镇	1	0.87	1	100	0	0
G 镇	1	0.60	1	100	0	0
总体	8	0.87	8	100	0	0

表 3-3-11 灌溉水按照综合污染指数分级情况

区域	基数/个	综合污染指数	分级情况			
			清洁		尚清洁	
			样品数量/个	比例/%	样品数量/个	比例/%
S 乡	1	0.57	0	0	1	100
K 乡	1	0.20	1	100	0	0
W 乡	1	0.57	0	0	1	100
Z 镇	1	0.43	1	100	0	0
C 乡	1	0.43	1	100	0	0
J 镇	1	0.34	1	100	0	0
P 镇	1	0.62	0	0	1	100
G 镇	1	0.44	1	100	0	0
总体	8	—	5	62.5	3	37.5

3.4 灌溉水质量评价小结

从评价结果来看,L 市苹果主栽区 8 个灌溉水样品中,按单因子污染指数最大值进行判定,均符合种植业绿色食品产地环境质量标准,即就灌溉水来说,适宜发展绿色食品。

L 市苹果主栽区 8 个灌溉水样品中,综合污染指数范围为 0.20~0.62,其中清洁的比例为 62.5%,尚清洁的比例为 37.5%,均符合《绿色食品 产地环境质量》(NY/T 391—2021)的要求,表明 L 市苹果主栽区灌溉水质较好或受污染不明显。

第 4 章　苹果产地环境空气质量评价

空气质量不仅直接影响着苹果等农作物的产量和品质,还关系到生态环境的保护和农业的可持续发展,因而良好的空气是保障苹果高产优质的基础,其质量安全的重要性不容忽视。本章以 L 市为实例,从安全生产角度,分析苹果园空气中总悬浮颗粒物、二氧化硫、二氧化氮、氟化物等污染物含量水平,并对照《绿色食品 产地环境质量》(NY/T 391—2021)及《绿色食品 产地环境调查、监测与评价规范》(NY/T 1054—2021)的要求,对 L 市苹果产地环境空气质量安全作出评价,并对种植业绿色食品的适宜性给出建议。

4.1　评价过程

4.1.1　评价时间

评价时间为 2021—2024 年。

4.1.2　监测区域及评价对象

监测区域为苹果产区 L 市,评价对象为苹果产地环境空气中氟化物等污染物。

空气样品按照 L 市苹果产区区域方位设置 2 个,其中南部山区(S 乡、C 乡、W 乡、Z 镇)采集 1 个空气样品,西部地区(J 镇、P 镇、G 镇)采集 1 个空气样品。样品数量及分布情况见表 4-1-1。

表 4-1-1　样品数量及分布情况

采样区域	样品数量/个	样品类别
南部山区	1	空气
西部地区	1	空气
合计	2	—

4.1.3　评价参数及评价指标

依据《绿色食品 产地环境质量》(NY/T 391—2021)、《绿色食品 产地环境调查、监测与评价规范》(NY/T 1054—2021),对 L 市苹果产地环境空气安全状况作出评价。本书中空气质量安全重点关注总悬浮颗粒物、二氧化硫、二氧化氮、氟化物等 4 项基本评价指标,空气质量评价参数和评价指标见表 4-1-2。

表 4-1-2　空气质量评价参数和评价指标[按《绿色食品 产地环境质量》(NY/T 391—2021)]

项目	指标		检测依据
	日平均[a]	1 h[b]	
总悬浮颗粒物/(mg/m³)	≤0.30	—	GB/T 15432
二氧化硫/(mg/m³)	≤0.15	≤0.50	HJ 482
二氧化氮/(mg/m³)	≤0.08	≤0.20	HJ 479
氟化物/(μg/m³)	≤7	≤20	HJ 955

注:a 指任何一日的平均指标;b 指任何 1 h 的指标。

4.1.4　评价方法

参照《绿色食品 产地环境调查、监测与评价规范》(NY/T 1054—2021)中规定的方法进行,采用污染指数评价法。

(1)进行单项污染指数评价,其计算公式为

$$P_i = \frac{C_i}{S_i} \tag{4-1-1}$$

式中　P_i——监测项目 i 的污染指数;

$\quad\quad C_i$——监测项目 i 的实测值;

$\quad\quad S_i$——监测项目 i 的评价标准值。

(2)如果有 1 项单项污染指数大于 1,则视为该产地环境质量不符合要求,不宜发展绿色食品。

(3)分级与描述。

如果单项污染指数均小于或等于 1,则继续进行综合污染指数评价。综合污染指数按照式(4-1-2)进行计算,并按表 4-1-3 的规定进行分级。综合污染指数可作为长期绿色食品生产环境变化趋势的评价指标。

$$P'_{综} = \sqrt{(C'_i/S'_i)_{max} + (C'_i/S'_i)_{ave}} \tag{4-1-2}$$

式中　$P'_{综}$——空气的综合污染指数;

$\quad\quad (C'_i/S'_i)_{max}$——空气污染物中污染指数的最大值;

$\quad\quad (C'_i/S'_i)_{ave}$——空气污染物中污染指数的平均值。

表 4-1-3 综合污染指数分级标准

[按《绿色食品 产地环境调查、监测与评价规范》(NY/T 391—2021)]

序号	空气综合污染指数	等级
1	≤0.6	清洁
2	0.6~1.0	尚清洁

4.2 空气质量安全限制因子含量分析

4.2.1 总悬浮颗粒物

总悬浮颗粒物(TSP)主要包括尘粒、粉尘、烟尘和雾尘,是大气环境中的主要污染物之一,其定义为能悬浮在空气中,空气动力学当量直径 ≤100 μm 的颗粒物。在绝对温度为 273 K、压力为 101. 325 kPa 的标准状态下,L 市苹果产地环境空气中总悬浮颗粒物南部山区监测点位含量为 0. 184 4 mg/m³,西部地区监测点位含量为 0. 155 2 mg/m³(见表 4-2-1),均在《绿色食品 产地环境质量》(NY/T 391—2021)中总悬浮颗粒物限量(≤0. 30 mg/m³)的要求范围之内。

表 4-2-1 总悬浮颗粒物

区域	基数/个	总悬浮颗粒物/(mg/m³)	说明
南部山区	1	0. 184 4	日平均
西部地区	1	0. 155 2	日平均

4.2.2 二氧化硫

二氧化硫是大气环境中的主要污染物之一,其主要来源是煤炭的燃烧、含硫矿物的冶炼、汽车的尾气等。在绝对温度为 273 K、压力为 101. 325 kPa 的标准状态下,L 市苹果产地环境空气中二氧化硫南部山区监测点位和西部地区监测点位均未检出(见表 4-2-2),均在《绿色食品 产地环境质量》(NY/T 391—2021)中二氧化硫限量(日平均 ≤0. 15 mg/m³,1 h ≤0. 50 mg/m³)要求的范围之内。

表 4-2-2 二氧化硫

区域	基数/个	二氧化硫/(mg/m³)	说明
南部山区	1	未检出	1 h
西部地区	1	未检出	1 h

注:检出限为 0. 007 mg/m³。

4.2.3 二氧化氮

二氧化氮在大气中的含量和存在的时间达到对人、动物、植物以及其他物质产生有害影响的程度,就形成污染,它是一种影响空气质量的重要污染物。二氧化氮除自然来源外,人为来源主要包括燃料燃烧、汽车尾气,以及工业生产过程释放等。L 市苹果产地环境空气中二氧化氮南部山区监测点位含量为 0.021 mg/m³,西部地区监测点位含量为 0.029 mg/m³(见表 4-2-3),均在《绿色食品 产地环境质量》(NY/T 391—2021)中二氧化氮限量(日平均≤0.08 mg/m³,1 h≤0.20 mg/m³)要求的范围之内。

表 4-2-3 二氧化氮

区域	基数/个	二氧化氮/(mg/m³)	备注
南部山区	1	0.021	1 h
西部地区	1	0.029	1 h

4.2.4 氟化物

大气中氟化物指以气态或颗粒态形式存在的无机氟化物,是一类对动植物及人类毒性很强的大气污染物,主要来源于含氟产品的生产,磷肥厂、钢铁厂、冶铝厂等工业生产过程。L 市苹果产地环境空气中氟化物南部山区监测点位含量为 6 μg/m³,西部地区监测点位含量为 3.8 μg/m³(见表 4-2-4),均在《绿色食品 产地环境质量》(NY/T 391—2021)中氟化物限量(日平均≤7 μg/m³,1 h≤20 μg/m³)要求的范围之内。

表 4-2-4 氟化物

区域	基数/个	氟化物/(μg/m³)	备注
南部山区	1	6	1 h
西部地区	1	3.8	1 h

4.3 空气质量安全评价

4.3.1 单污染因子评价

4.3.1.1 总悬浮颗粒物

依据《绿色食品 产地环境质量》(NY/T 391—2021)的要求,空气中总悬浮颗粒物评价结果见表 4-3-1。从统计结果来看,L 市苹果主栽区南部山区和西部地区 2 个环境空气样品中,总悬浮颗粒物污染指数分别为 0.61 和 0.52,单项污染指数均小于 1,均符合《绿色食品 产地环境质量》(NY/T 391—2021)的要求。

表 4-3-1　空气中总悬浮颗粒物污染指数[按《绿色食品 产地环境质量》(NY/T 391—2021)]

区域	基数/个	污染指数(1 h)	符合	
			样品数量/个	比例/%
南部山区	1	0.61	1	100
西部地区	1	0.52	1	100
总体	2	—	2	100

4.3.1.2　二氧化硫

依据《绿色食品 产地环境质量》(NY/T 391—2021)的要求,空气中二氧化硫评价结果见表 4-3-2。从统计结果来看,L 市苹果主栽区南部山区和西部地区 2 个环境空气样品中,二氧化硫污染指数均为 0.007,单项污染指数均小于 1,均符合《绿色食品 产地环境质量》(NY/T 391—2021)的要求。

表 4-3-2　空气中二氧化硫污染指数[按《绿色食品 产地环境质量》(NY/T 391—2021)]

区域	基数/个	污染指数(1 h)	符合	
			样品数量/个	比例/%
南部山区	1	0.007	1	100
西部地区	1	0.007	1	100
总体	2	—	2	100

4.3.1.3　二氧化氮

依据《绿色食品 产地环境质量》(NY/T 391—2021)的要求,空气中二氧化氮评价结果见表 4-3-3。从统计结果来看,L 市苹果主栽区南部山区和西部地区 2 个环境空气样品中,二氧化氮污染指数分别为 0.11 和 0.15,单项污染指数均小于 1,均符合《绿色食品 产地环境质量》(NY/T 391—2021)的要求。

表 4-3-3　空气中二氧化氮污染指数[按《绿色食品 产地环境质量》(NY/T 391—2021)]

区域	基数/个	污染指数(1 h)	符合	
			样品数量/个	比例/%
南部山区	1	0.11	1	100
西部地区	1	0.15	1	100
总体	2	—	2	100

4.3.1.4　氟化物

依据《绿色食品 产地环境质量》(NY/T 391—2021)的要求,空气中氟化物评价结果见表 4-3-4。从统计结果来看,L 市苹果主栽区南部山区和西部地区 2 个环境空气样品中,氟化物污染指数分别为 0.30 和 0.19,单项污染指数均小于 1,均符合《绿色食品 产地环境质量》(NY/T 391—2021)的要求。

表 4-3-4　空气中氟化物污染指数[按《绿色食品 产地环境质量》(NY/T 391—2021)]

区域	基数/个	污染指数(1 h)	符合	
			样品数量/个	比例/%
南部山区	1	0.30	1	100
西部地区	1	0.19	1	100
总体	2	—	2	100

4.3.2　空气质量符合性评价结果

依据《绿色食品 产地环境质量》(NY/T 391—2021)的要求,L 市苹果主栽区空气质量符合性评价结果见表 4-3-5。按单因子污染指数最大值进行判定,L 市苹果主栽区 2 个环境空气样品均符合要求,符合比例为 100%,表明 L 市苹果主栽区空气没有受到总悬浮颗粒物、二氧化硫、二氧化氮、氟化物等污染物的污染或者污染不明显。

表 4-3-5　空气质量符合性评价结果[按《绿色食品 产地环境质量》(NY/T 391—2021)]

区域	基数/个	单因子污染指数最大值	符合		不符合	
			样品数量/个	比例/%	样品数量/个	比例/%
总悬浮颗粒物	2	0.61	2	100	0	0
二氧化硫	2	0.007	2	100	0	0
二氧化氮	2	0.15	2	100	0	0
氟化物	2	0.30	2	100	0	0
总体	2	0.61	2	100	0	0

4.3.3　综合污染指数分级情况

对单因子污染指数均小于或等于 1 即符合《绿色食品 产地环境质量》(NY/T 391—2021)要求的环境空气样品,继续进行综合污染指数评价。按照综合污染指数进行污染状况分级,可作为长期绿色食品生产环境变化趋势的评价参考,分级情况见表 4-3-6。L 市苹果主栽区 2 个空气样品均符合《绿色食品 产地环境质量》(NY/T 391—2021)的要求,均处于尚清洁状态,表明 L 市苹果主栽区空气质量尚好或受污染不明显。

表4-3-6　空气质量按照综合污染指数分级情况 [按《绿色食品 产地环境质量》(NY/T 391—2021)]

区域	基数/个	综合污染指数	清洁		尚清洁	
			样品数量/个	比例/%	样品数量/个	比例/%
南部山区	1	0.93	0	0	1	100
西部地区	1	0.86	0	0	1	100
总体	2	—	0	0	2	100

4.4　空气质量评价小结

根据《绿色食品 产地环境质量》(NY/T 391—2021)的要求,从评价结果来看,南部山区和西部地区的2个空气样品,按单因子污染指数最大值进行判定,均符合种植业绿色食品产地环境质量标准。

按照《绿色食品 产地环境调查、监测与评价规范》(NY/T 1054—2021)评价要求,对符合要求的空气质量按照综合污染指数进行分级,符合要求的南部山区和西部地区2个空气样品,均处于尚清洁状态。

第 5 章　苹果产地环境土壤基本肥力评价

　　pH、有机质、全氮、有效磷、速效钾等是土壤基本肥力的重要指标,对于农业生产和管理具有重要意义。其中,土壤 pH 是衡量土壤酸碱性的指标,对土壤肥力和植物生长有重要影响;有机质是土壤中重要的营养成分,是植物生长的重要物质基础;全氮是土壤中氮元素的总含量,是植物生长的重要元素之一;磷是植物生长的重要元素,对植物的生长至关重要,而有效磷则是指土壤中可以被植物吸收利用的磷元素;速效钾是土壤中钾元素的快速供应形式,对植物生长有直接影响。本章以 L 市为实例,从适宜生长角度,对监测区域苹果产地环境土壤基本肥力状况进行评价,主要内容包括:通过描述统计的方法,对苹果园土壤 pH、全氮、有效磷、速效钾等基本肥力指标的含量及变异程度进行分析;按照我国第二次土壤普查分级标准,对苹果园土壤基本肥力状况进行分级,评估土壤的氮素、磷素及钾素的供应能力;同时参照《绿色食品 产地环境质量》(NY/T 391—2021)及《绿色食品 产地环境调查、监测与评价规范》(NY/T 1054—2021)的要求,对苹果园土壤基本肥力进行分级划定,并给出可持续发展绿色食品的合理施肥建议。

5.1　评价过程

5.1.1　评价时间

　　评价时间为 2021—2024 年。

5.1.2　监测区域及评价对象

　　监测区域为苹果产区 L 市,评价对象为苹果产地环境土壤中基本肥力。

5.1.2.1　布点原则

　　主要依据《绿色食品 产地环境调查、监测与评价规范》(NY/T 1054—2021)进行布点。结合 L 市苹果种植的实际情况,以苹果生产企业为基本评价单元,依据企业种植面积和生产单元数量确定土壤实际采样数量。

5.1.2.2　样品数量与分布

　　依据 L 市提供的苹果质量追溯企业名单,40 家企业共采集土壤样品 96 个,具体样品数量及分布情况见表 5-1-1。

5.1.3　监测指标及检测依据

　　重点关注土壤 pH 及有机质、全氮、速效钾等基本肥力指标,主要关注指标及检测依据见表 5-1-2。

表 5-1-1　样品数量及分布情况

采样区域	样品数量/个	采样深度/cm
S 乡	56	0~40
C 乡	12	0~40
Z 镇	2	0~40
W 乡	6	0~40
J 镇	8	0~40
K 乡	2	0~40
G 镇	5	0~40
P 镇	5	0~40
合计	96	0~40

表 5-1-2　主要关注指标及检测依据

指标	方法依据	所用设备
pH	NY/T 1121.2	滴定仪
有机质	NY/T 1121.6	滴定管
全氮	HJ 717	全自动定氮仪
有效磷	NY/T 1121.7	紫外可见分光光度计
速效钾	NY/T 889	原子吸收分光光度计

5.1.4　评价内容

5.1.4.1　基本肥力分等分级

1. 评价依据、评价指标及标准值

土壤基本肥力分等分级评价主要参考我国第二次土壤普查分级指标。在我国第二次土壤普查中,将有机质、全氮、有效磷、速效钾等指标成分含量从高到低分为六级,并对各级进行分类描述(见表 5-1-3)。

2. 评价方法

参考我国第二次土壤普查中基本肥力分级标准,对 L 市苹果园基本肥力指标进行分级描述评价。

5.1.4.2　绿色食品产地环境质量适宜性评价

1. 评价依据、评价指标及标准值

参考《绿色食品 产地环境质量》(NY/T 391—2021)对 L 市苹果产地环境土壤基本肥

力进行评价。在绿色食品产地环境评价中,有机质、全氮、有效磷、速效钾等基本肥力指标属于环境可持续发展要求范畴,即绿色食品产地环境土壤应持续保持土壤地力水平,土壤肥力应维持在同一等级或不断提升。《绿色食品 产地环境质量》(NY/T 391—2021)中对土壤肥力仅进行分级划定,不作为判定产地环境质量是否合格的依据,但可用于评价农业活动对环境土壤养分的影响及变化趋势,在绿色食品续展时需要评价土壤肥力分级指标的变化趋势。《绿色食品 产地环境质量》(NY/T 391—2021)将有机质、全氮、有效磷、速效钾等指标成分含量从高到低分别划分为Ⅰ级、Ⅱ级、Ⅲ级,并对各级进行分类描述。土壤基本肥力评价参数和评价指标见表5-1-4。

表 5-1-3　我国土壤基本肥力指标分级标准(我国第二次土壤普查分级指标)

类别	指标	一级	二级	三级	四级	五级	六级
肥力指标	有机质/(g/kg)	>40	30~40	20~30	10~20	6~10	<6
	全氮/(g/kg)	>2.0	1.5~2.0	1.0~1.5	0.75~1.0	0.5~0.75	<0.5
	有效磷/(mg/kg)	>40	20~40	10~20	5~10	3~5	<3
	速效钾/(mg/kg)	>200	150~200	100~150	50~100	30~50	<30
	级别描述	丰富	较丰富	中等	缺乏	较缺	极缺
pH	pH	>8.5	7.5~8.5	6.5~7.5	5.5~6.5	4.5~5.5	<4.5
	级别描述	碱性	弱碱性	中性	微酸性	酸性	强酸性

表 5-1-4　土壤基本肥力评价参数和评价指标[按《绿色食品 产地环境质量》(NY/T 391—2021)]

指标	级别	园地	描述
有机质/(g/kg)	Ⅰ级	>20	丰富
	Ⅱ级	15~20	尚可
	Ⅲ级	<15	低于临界值
全氮/(g/kg)	Ⅰ级	>1.0	丰富
	Ⅱ级	0.8~1.0	尚可
	Ⅲ级	<0.8	低于临界值
有效磷/(mg/kg)	Ⅰ级	>10	丰富
	Ⅱ级	5~10	尚可
	Ⅲ级	<5	低于临界值
速效钾/(mg/kg)	Ⅰ级	>100	丰富
	Ⅱ级	50~100	尚可
	Ⅲ级	<50	低于临界值

2.评价方法

依据《绿色食品 产地环境质量》(NY/T 391—2021)、《绿色食品 产地环境调查、监测与评价规范》(NY/T 1054—2021)的要求,参考园地土壤基本肥力分级指标,对 L 市苹果产地环境土壤基本肥力的绿色食品产地环境质量适宜性作出评价。

5.2　基本肥力指标含量与分布特征

主要通过描述统计的方法,对 L 市苹果园土壤 pH、有机质、全氮、有效磷、速效钾等基本肥力指标的含量、变异程度及其分布特征进行分析。在描述性统计分析中,平均值和中值是表示变量中心趋向分布的一种测度,而标准差和变异系数(统计学中的离散系数,用标准差与平均值之比表示)则反映了总体样本中各采样点的平均变异程度,变异系数小于 0.1 的为弱变异性,变异系数在 0.1~1.0 的为中等变异性,变异系数大于 1.0 的为强变异性,变异程度越大,表明受外界的干扰越强。

5.2.1　pH 分布特征

pH 是土壤的一项重要化学性质,土壤酸碱性常用表示方式,对土壤的许多化学反应和化学过程都有很大影响,对植物所需养分元素的有效性也有显著影响。我国土壤 pH 大多数在 4.5~8.5,地理分布上具有“南酸北碱”的地带分布性特点,即由南向北 pH 逐渐增大,长江以南多数为强酸性,而长江以北的土壤多数为中性和碱性土壤。

L 市苹果园土壤 pH 统计学特征见表 5-2-1。从统计结果来看,L 市苹果园土壤 pH 总体为 4.0~8.5,平均值 7.6,中位值为 7.7,变异系数 9.6%。就平均值来说,不同乡镇果园土壤 pH 差异不太明显,平均值从大到小依次为:W 乡、J 镇(pH = 7.9)>G 镇、

表 5-2-1　土壤 pH 统计学特征

区域	点位/个	最小值	最大值	平均值	中位值	变异系数/%
G 镇	5	7.6	8.1	7.8	7.8	2.6
W 乡	6	7.5	8.0	7.9	8.0	2.5
S 乡	56	4.0	8.5	7.5	7.6	12.3
J 镇	8	7.6	8.2	7.9	7.9	3.2
C 乡	12	7.5	7.8	7.7	7.7	1.6
K 乡	2	7.5	8.0	7.8	7.8	4.6
P 镇	5	7.3	8.1	7.7	7.7	3.9
Z 镇	2	7.6	7.7	7.7	7.7	0.9
全市区域	96	4.0	8.5	7.6	7.7	9.6

K 乡(pH=7.8)>C 乡、P 镇、Z 镇(pH=7.7)>全市区域(pH=7.6)>S 乡(pH=7.5)。平均值最高的 W 乡和 J 镇(pH=7.9)仅比平均值最低的 S 乡(pH=7.5)高 0.4。其中,W 乡、J 镇、G 镇、K 乡、C 乡、P 镇、Z 镇土壤 pH 平均值稍高于全市区域平均水平,而 S 乡土壤 pH 平均值则略低于全市区域平均水平。

该区域内土壤 pH 总体上为弱变异性,表明区域内各采样点 pH 受外界影响程度非常低,但各个采样区域总体情况不尽相同,其中 S 乡土壤 pH 变异程度最大(变异系数为12.3%),为中等变异性,其余乡镇土壤 pH 变异程度较小(变异系数均不足10%),均属于弱变异性。

5.2.2　有机质含量与分布特征

有机质是土壤肥力的标志性物质,是衡量土壤养分的重要指标,仅占土壤总重量的很少一部分,一般为 10% 以下。有机质一方面是植物生长所需要的氮、磷、硫、微量元素等各种养分的主要来源,另一方面又通过影响土壤物理、化学和生物学性质而改善肥力特性。有机质含量在不同土壤中的差异很大,如泥炭土、森林土壤等含量较高(可达 200g/kg 或 300 g/kg 以上),而漠地土壤、沙质土壤等含量非常低(不足 5 g/kg 或 10 g/kg)。土壤有机质含量主要受气候、植被、地形、土壤类型、耕作措施等因素的影响。其主要来自于有机肥和植物的根、茎、枝、叶的腐化变质及各种微生物等,基本成分主要为纤维素、木质素、淀粉、糖类、油脂和蛋白质等,为植物提供丰富的 C、H、O、S 及微量元素,可以直接被植物所吸收利用。而人为施入土壤中的各种有机肥料则是土壤有机质另一主要来源,主要包括各种有机肥料(绿肥、堆肥、沤肥等)、工农业和生活用水、废渣等,还有各种微生物制品等。

L 市苹果园土壤有机质含量统计学特征见表 5-2-2。从统计结果来看,L 市苹果园土壤有机质含量总体为 5.6~43.4 g/kg,平均值为 18.6 g/kg,中位值为 16.3 g/kg,变异系数40.0%。就平均值来说,不同乡镇果园土壤有机质含量差异较大,平均值从大到小依次为:Z 镇(34.9 g/kg)>W 乡(27.6 g/kg)>C 乡(22.3 g/kg)>全市区域(18.6 g/kg)>S 乡(17.4 g/kg)>G 镇(16.1 g/kg)、J 镇(16.1 g/kg)>P 镇(14.9 g/kg)>K 乡(13.9 g/kg)。有机质含量平均值最高的 Z 镇(有机质 34.9 g/kg)是含量最低的 K 乡(13.9 g/kg)的 2.5倍。其中,Z 镇、W 乡、C 乡土壤有机质含量平均值高于全市区域平均水平,其余乡镇土壤有机质含量平均值则低于全市区域平均水平。

该区域内土壤有机质含量总体上为中等变异性,表明区域内各采样点有机质含量受外界影响程度较大,但各个采样区域总体情况不尽相同,其中 J 镇土壤有机质含量变异程度最大(变异系数为 43.1%),其余乡镇土壤有机质含量变异程度相对较小(变异系数均在 16.9%~41.6%),均属于中等变异性。

表 5-2-2　土壤有机质含量统计学特征

区域	点位/ 个	最小值/ （g/kg）	最大值/ （g/kg）	平均值/ （g/kg）	中位值/ （g/kg）	变异系数/ %
G 镇	5	12.8	23.6	16.1	13.8	27.6
W 乡	6	11.2	37.6	27.6	29.9	34.7
S 乡	56	5.6	32.1	17.4	16.0	35.5
J 镇	8	7.7	30.4	16.1	15.3	43.1
C 乡	12	11.0	35.2	22.3	21.8	33.9
K 乡	2	9.8	18.0	13.9	13.9	41.6
P 镇	5	12.4	18.4	14.9	14.5	16.9
Z 镇	2	26.4	43.4	34.9	34.9	34.4
全市区域	96	5.6	43.4	18.6	16.3	40.0

5.2.3　全氮含量与分布特征

土壤氮素是作物生长所必需的大量营养元素之一，同时又是土壤微生物自身合成和分解所需的能量。我国土壤中氮素含量多在 0.2~5 g/kg，其含量主要取决于气候、地形、植被、母质、质地及利用方式、耕作管理、施肥制度等。我国土壤全氮含量呈现南北略高、中部略低的趋势。

L 市苹果园土壤全氮含量统计学特征见表 5-2-3。从统计结果来看，L 市苹果园土壤全氮含量总体为 0.083~2.330 g/kg，平均值为 0.973 g/kg，中位值为 0.9 g/kg，变异系数47.8%。就平均值来说，不同乡镇果园土壤全氮含量差异较大，平均值从大到小依次为：W 乡（1.586 g/kg）>Z 镇（1.515 g/kg）>C 乡（1.131 g/kg）>全市区域（0.973 g/kg）>S 乡（0.960 g/kg）>G 镇（0.711 g/kg）>J 镇（0.700 g/kg）>K 乡（0.649 g/kg）>P 镇（0.622 g/kg）。全氮含量平均值最高的 W 乡（1.586 g/kg）是含量最低的 P 镇（0.622 g/kg）的2.5 倍。其中，W 乡、Z 镇、C 乡土壤全氮含量平均值高于全市区域平均水平，其余乡镇土壤全氮含量平均值则低于全市区域平均水平。

该区域内土壤全氮含量总体上为中等变异性，表明各区域内各采样点全氮含量受外界影响程度较大，但各个采样区域总体情况不尽相同，其中 J 镇土壤全氮含量变异程度最大（变异系数为 54.3%），其余乡镇土壤全氮含量变异程度相对较小（变异系数均在3.3%~48.4%），除 Z 镇为弱变异性之外（变异系数 3.3%），其余乡镇均属于中等变异性。

表 5-2-3　土壤全氮含量统计学特征

区域	点位/ 个	最小值/ (g/kg)	最大值/ (g/kg)	平均值/ (g/kg)	中位值/ (g/kg)	变异系数/ %
G 镇	5	0.420	1.180	0.711	0.7	39.5
W 乡	6	0.755	2.100	1.586	1.7	32.3
S 乡	56	0.083	1.950	0.960	1.0	43.0
J 镇	8	0.438	1.620	0.700	0.6	54.3
C 乡	12	0.338	2.330	1.131	1.2	48.4
K 乡	2	0.564	0.734	0.649	0.6	18.5
P 镇	5	0.366	1.060	0.622	0.6	45.3
Z 镇	2	1.480	1.550	1.515	1.5	3.3
全市区域	96	0.083	2.330	0.973	0.9	47.8

5.2.4　有效磷含量与分布特征

磷是植物 16 种必需营养元素之一,它对作物生长和健康的作用仅次于氮素。地壳中磷的平均含量约为 0.122%(以 P 计)。我国土壤磷含量在 0.017%～0.109%,大部分土壤中磷的含量为 0.043%～0.066%,其与成土母质和成土过程、施肥、侵蚀等因素有关。许多情况下,土壤的供磷能力与全磷含量关系不大,主要与磷的容量因素、强度因素及土壤磷的迁移速率关系密切,也与植物的种类有关。影响土壤供磷能力的土壤因素主要包括土壤 pH、全氮种类及含量、无机胶体种类及性质、土壤质地、土壤水分、土壤温度及元素之间的相互作用。土壤中磷的一个主要来源是母岩或母质的风化,另一个主要来源是施肥、农药等土壤利用过程进入土壤的磷。

L 市苹果园土壤有效磷含量统计学特征见表 5-2-4。从统计结果来看,L 市苹果园土壤有效磷含量总体为 3.2～664.2 mg/kg,平均值为 73.7 mg/kg,中位值为 38.1 mg/kg,变异系数为 129.0%。就平均值来说,不同乡镇果园土壤有效磷含量差异非常大,平均值从大到小依次为:Z 镇(101.5 mg/kg)＞S 乡(84.4 mg/kg)＞P 镇(76.9 mg/kg)＞C 乡(74.5 mg/kg)＞全市区域(73.7 mg/kg)＞W 乡(70.0 mg/kg)＞J 镇(30.7 mg/kg)＞G 镇(30.2 mg/kg)＞K 乡(24.7 mg/kg)。有效磷含量平均值最高的 Z 镇(101.5 mg/kg)是含量最低的 K

乡(24.7 mg/kg)的4.1倍。其中,Z镇、S乡、P镇、C乡土壤有效磷含量平均值高于全市区域平均水平,其余乡镇土壤有效磷含量平均值则低于全市区域平均水平。

该区域内土壤有效磷含量总体上为强变异性,表明各区域内各采样点有效磷含量受外界影响程度非常大,但各个采样区域总体情况不尽相同,其中G镇、C乡、S乡、J镇、P镇土壤有效磷含量为强变异性,变异系数在106.9%~183.1%,W乡和K乡土壤有效磷含量变异程度相对较小,为中等变异性,变异系数分别为54.1%和20.9%,而Z镇则为弱变异性,变异系数为9.3%。

表 5-2-4　土壤有效磷含量统计学特征

区域	点位/ 个	最小值/ (mg/kg)	最大值/ (mg/kg)	平均值/ (mg/kg)	中位值/ (mg/kg)	变异系数/ %
G 镇	5	3.2	129.2	30.2	6.2	183.1
W 乡	6	9.4	117.6	70.0	75.5	54.1
S 乡	56	3.8	664.2	84.4	55.4	122.0
J 镇	8	8.1	110.9	30.7	18.1	110.1
C 乡	12	5.9	456.2	74.5	14.5	173.2
K 乡	2	21.0	28.3	24.7	24.7	20.9
P 镇	5	11.0	194.6	76.9	25.9	106.9
Z 镇	2	94.8	108.1	101.5	101.5	9.3
全市区域	96	3.2	664.2	73.7	38.1	129.0

5.2.5　速效钾含量与分布特征

钾是作物不可缺少的大量营养元素,全钾是土壤中各种赋存形态钾素的总和。根据钾素对植物有效性的大小,土壤中钾素可划分为水溶性钾、交换性钾和非交换性钾(又称缓效钾)和矿物态钾。交换性钾和水溶性钾随时都处于平衡与转化过程中,很难严格区分,都是当季作物可以吸收利用的主要钾素形态,属于速效性钾,其在全钾中所占比例很小,仅占土壤全钾的0.2%~2%。缓效钾是土壤速效钾的储备,当土壤速效钾被作物吸收利用后,它可以不断释放出来补充速效钾,供作物吸收利用。而矿物态钾则是作物难利用的钾,对土壤速效钾的贡献很小。

L市苹果园土壤速效钾含量统计学特征见表5-2-5。从统计结果来看,L市苹果园土壤速效钾含量总体为104~1 028 mg/kg,平均值为412 mg/kg,中位值为349.0 mg/kg,变异系数为58.8%。就平均值来说,不同乡镇果园土壤速效钾含量差异非常大,平均值从大到小依次为:W乡(555 mg/kg)>Z镇(516 mg/kg)>S乡(449 mg/kg)>全市区域

（412 mg/kg）>C 乡（386 mg/kg）>P 镇（337 mg/kg）>J 镇（300 mg/kg）>G 镇（198 mg/kg）>
K 乡（167 mg/kg）。速效钾含量平均值最高的 W 乡（555 mg/kg）是含量最低的 K 乡（167
mg/kg）的 3.3 倍。其中，W 乡、Z 镇、S 乡土壤速效钾含量平均值高于全市区域平均水平，
其余乡镇土壤速效钾含量平均值则低于全市区域平均水平。

　　该区域内土壤速效钾含量总体上为中等变异性，表明各区域内各采样点速效钾含量
受外界影响程度较大，但各个采样区域总体情况不尽相同，其中 P 镇和 J 镇土壤速效钾含
量变异程度较大（变异系数分别为 67.8% 和 65.7%），其余乡镇土壤速效钾含量变异程度
相对较小（变异系数均在 16.9%~59.2%），均属于中等变异性。

表 5-2-5　土壤速效钾含量统计学特征

区域	点位/ 个	最小值/ （mg/kg）	最大值/ （mg/kg）	平均值/ （mg/kg）	中位值/ （mg/kg）	变异系数/ %
G 镇	5	128	344	198	184.0	43.4
W 乡	6	188	1 092	555	541.5	59.2
S 乡	56	125	1 208	449	369.5	54.0
J 镇	8	158	748	300	241.0	65.7
C 乡	12	104	817	386	306.0	58.8
K 乡	2	120	214	167	167.0	39.8
P 镇	5	142	620	337	213.0	67.8
Z 镇	2	454	577	516	515.5	16.9
全市区域	96	104	1 208	412	349.0	58.8

5.3　基本肥力分等分级评价

5.3.1　土壤 pH 各级别分布情况

　　在我国第二次土壤普查中，为方便土壤养分图的绘制，将土壤 pH 分为六级，并对各
级酸碱度进行分类描述。其中，pH>8.5 的为一级，此范围内土壤酸碱性描述为碱性；pH
在 7.5~8.5 的为二级，此范围内土壤酸碱性描述为弱碱性；pH 在 6.5~7.5 的为三级，此
范围内土壤酸碱性描述为中性；pH 在 5.5~6.5 的为四级，此范围内土壤酸碱性描述为微
酸性；pH 在 4.5~5.5 的为五级，此范围内土壤酸碱性描述为酸性；pH<4.5 的为六级，此
范围内土壤酸碱性描述为强酸性。

　　按照我国第二次土壤普查分级标准对 L 市苹果产地环境土壤酸碱度进行分级，结果
见表 5-3-1。总体来说，监测区域内 96 个苹果园土壤点位中，有 1 个点位土壤 pH 小于
4.5，3 个点位土壤 pH 处于 4.5~5.5，3 个点位土壤 pH 处于 5.5~6.5，24 个点位土壤 pH

处于 6.5~7.5，65 个点位土壤 pH 处于 7.5~8.5，没有 pH 大于 8.5 的土壤点位，即监测区域内苹果产地环境土壤点位中，1.1%属于强酸性土壤（pH<4.5），3.1%属于酸性土壤（pH=4.5~5.5），3.1%属于微酸性土壤（pH=5.5~6.5），25.0%属于中性土壤（pH=6.5~7.5），67.7%属于弱碱性土壤（pH=7.5~8.5），没有碱性土壤（pH>8.5）。表明 L 市苹果产地环境土壤以弱碱性和中性土壤为主，但不同区域土壤酸碱度分级结果略有差异，零星点位为微酸性和酸性土壤，极个别点位为强酸性土壤。

表 5-3-1　全市区域土壤酸碱度各级别分布情况（参照全国第二次土壤普查分级标准）

级别描述	pH 分级指标	点位/个	占比/%
强酸性	<4.5	1	1.1
酸性	4.5~5.5	3	3.1
微酸性	5.5~6.5	3	3.1
中性	6.5~7.5	24	25.0
弱碱性	7.5~8.5	65	67.7
碱性	>8.5	0	0.0
合计	—	96	—

5.3.1.1　G 镇

按照我国第二次土壤普查分级标准对 G 镇苹果产地环境土壤酸碱度进行分级，结果见表 5-3-2。总体来说，监测区域内 5 个苹果园土壤点位中，pH 均处于 7.5~8.5，没有 pH 小于 7.5 或 pH 大于 8.5 的土壤点位，即监测区域内苹果产地环境土壤点位中，100%属于弱碱性土壤（pH=7.5~8.5），没有强酸性土壤（pH<4.5）、酸性土壤（pH=4.5~5.5）、微酸性土壤（pH=5.5~6.5）、中性土壤（pH=6.5~7.5）以及碱性土壤（pH>8.5）点位。表明 G 镇苹果产地环境土壤以弱碱性土壤为主。

表 5-3-2　G 镇土壤酸碱度各级别分布情况（参照全国第二次土壤普查分级标准）

级别描述	pH 分级指标	点位/个	占比/%
强酸性	<4.5	0	0
酸性	4.5~5.5	0	0
微酸性	5.5~6.5	0	0
中性	6.5~7.5	0	0
弱碱性	7.5~8.5	5	100.0
碱性	>8.5	0	0
合计	—	5	—

5.3.1.2 W 乡

按照我国第二次土壤普查分级标准对 W 乡苹果产地环境土壤酸碱度进行分级,结果见表 5-3-3。总体来说,监测区域内 6 个苹果园土壤点位中,有 1 个点位土壤 pH 处于 6.5~7.5,5 个点位土壤 pH 处于 7.5~8.5,没有 pH 小于 6.5 或 pH 大于 8.5 的土壤点位,即监测区域内苹果产地环境土壤点位中,16.7%属于中性土壤(pH=6.5~7.5),83.3%属于弱碱性土壤(pH=7.5~8.5),没有强酸性土壤(pH<4.5)、酸性土壤(pH=4.5~5.5)、微酸性土壤(pH=5.5~6.5)及碱性土壤(pH>8.5)。表明 W 乡苹果产地环境土壤以弱碱和中性土壤为主。

表 5-3-3 W 乡土壤酸碱度各级别分布情况(参照全国第二次土壤普查分级标准)

级别描述	pH 分级指标	点位/个	占比/%
强酸性	<4.5	0	0
酸性	4.5~5.5	0	0
微酸性	5.5~6.5	0	0
中性	6.5~7.5	1	16.7
弱碱性	7.5~8.5	5	83.3
碱性	>8.5	0	0
合计	—	6	—

5.3.1.3 S 乡

按照我国第二次土壤普查分级标准对 S 乡苹果产地环境土壤酸碱度进行分级,结果见表 5-3-4。总体来说,监测区域内 56 个苹果园土壤点位中,有 1 个点位土壤 pH 小于 4.5,3 个点位土壤 pH 处于 4.5~5.5,3 个点位土壤 pH 处于 5.5~6.5,18 个点位土壤 pH 处于 6.5~7.5,31 个点位土壤 pH 处于 7.5~8.5,没有 pH 大于 8.5 的土壤点位,即监测区域内苹果产地环境土壤点位中,1.8%属于强酸性土壤(pH<4.5),5.4%属于酸性土壤(pH=4.5~5.5),5.4%属于微酸性土壤(pH=5.5~6.5),32.1%属于中性土壤(pH=6.5~7.5),55.3%属于弱碱性土壤(pH=7.5~8.5),没有碱性土壤(pH>8.5)点位。表明 S 乡苹果产地环境土壤以弱碱性和中性土壤为主,零星点位为微酸性和酸性土壤,极个别为强酸性土壤。

5.3.1.4 J 镇

按照我国第二次土壤普查分级标准对 J 镇苹果产地环境土壤酸碱度进行分级,结果见表 5-3-5。总体来说,监测区域内 8 个苹果园土壤点位中,土壤 pH 均处于 7.5~8.5,没有 pH 小于 7.5 或者 pH 大于 8.5 的土壤点位,即监测区域内苹果产地环境土壤点位均属于弱碱性土壤(pH=7.5~8.5),没有强酸性土壤(pH<4.5)、酸性土壤(pH=4.5~5.5)、

微酸性土壤(pH=5.5~6.5)、中性土壤(pH=6.5~7.5)及碱性土壤(pH>8.5)点位。表明 J 镇苹果产地环境土壤以弱碱性土壤为主。

表 5-3-4　S 乡土壤酸碱度各级别分布情况(参照全国第二次土壤普查分级标准)

级别描述	pH 分级指标	点位/个	占比/%
强酸性	<4.5	1	1.8
酸性	4.5~5.5	3	5.4
微酸性	5.5~6.5	3	5.4
中性	6.5~7.5	18	32.1
弱碱性	7.5~8.5	31	55.3
碱性	>8.5	0	0.0
合计	—	56	—

表 5-3-5　J 镇土壤酸碱度各级别分布情况(参照全国第二次土壤普查分级标准)

级别描述	pH 分级指标	点位/个	占比/%
强酸性	<4.5	0	0
酸性	4.5~5.5	0	0
微酸性	5.5~6.5	0	0
中性	6.5~7.5	0	0
弱碱性	7.5~8.5	8	100.0
碱性	>8.5	0	0
合计	—	8	—

5.3.1.5　C 乡

按照我国第二次土壤普查分级标准对 C 乡苹果产地环境土壤酸碱度进行分级,结果见表 5-3-6。总体来说,监测区域内 12 个苹果园土壤点位中,有 3 个点位土壤 pH 处于 6.5~7.5,9 个点位土壤 pH 处于 7.5~8.5,没有 pH 小于 6.5 或者 pH 大于 8.5 的土壤点位,即监测区域内苹果产地环境土壤点位中,25.0%属于中性土壤(pH=6.5~7.5),75.0%属于弱碱性土壤(pH=7.5~8.5),没有强酸性土壤(pH<4.5)、酸性土壤(pH=4.5~5.5)、微酸性土壤(pH=5.5~6.5)及碱性土壤(pH>8.5)点位。表明 C 乡苹果产地环境土壤以弱碱性和中性土壤为主。

表5-3-6 C乡土壤酸碱度各级别分布情况(参照全国第二次土壤普查分级标准)

级别描述	pH分级指标	点位/个	占比/%
强酸性	<4.5	0	0
酸性	4.5~5.5	0	0
微酸性	5.5~6.5	0	0
中性	6.5~7.5	3	25.0
弱碱性	7.5~8.5	9	75.0
碱性	>8.5	0	0
合计	—	12	—

5.3.1.6 K乡

按照我国第二次土壤普查分级标准对K乡苹果产地环境土壤酸碱度进行分级,结果见表5-3-7。总体来说,监测区域内2个苹果园土壤点位中,有1个点位土壤pH处于6.5~7.5,1个点位土壤pH处于7.5~8.5,没有pH小于6.5或者pH大于8.5的土壤点位,即监测区域内苹果产地环境土壤点位中,50.0%属于中性土壤(pH=6.5~7.5),50.0%属于弱碱性土壤(pH=7.5~8.5),没有强酸性土壤(pH<4.5)、酸性土壤(pH=4.5~5.5)、微酸性土壤(pH=5.5~6.5)及碱性土壤(pH>8.5)点位。表明K乡苹果产地环境土壤以弱碱性和中性土壤为主。

表5-3-7 K乡土壤酸碱度各级别分布情况(参照全国第二次土壤普查分级标准)

级别描述	pH分级指标	点位/个	占比/%
强酸性	<4.5	0	0
酸性	4.5~5.5	0	0
微酸性	5.5~6.5	0	0
中性	6.5~7.5	1	50.0
弱碱性	7.5~8.5	1	50.0
碱性	>8.5	0	0
合计	—	2	—

5.3.1.7 P镇

按照我国第二次土壤普查分级标准对P镇苹果产地环境土壤酸碱度进行分级,结果见表5-3-8。总体来说,监测区域内5个苹果园土壤点位中,有1个点位土壤pH处于6.5~7.5,4个点位土壤pH处于7.5~8.5,没有pH小于6.5或者pH大于8.5的土壤点位,即监测区域内苹果产地环境土壤点位中,20.0%属于中性土壤($pH = 6.5 \sim 7.5$),80.0%属于弱碱性土壤($pH = 7.5 \sim 8.5$),没有强酸性土壤($pH < 4.5$)、酸性土壤($pH = 4.5 \sim 5.5$)、微酸性土壤($pH = 5.5 \sim 6.5$)及碱性土壤($pH > 8.5$)点位。表明P镇苹果产地环境土壤以弱碱性和中性土壤为主。

表5-3-8 P镇土壤酸碱度各级别分布情况(参照全国第二次土壤普查分级标准)

级别描述	pH分级指标	点位/个	占比/%
强酸性	<4.5	0	0
酸性	4.5~5.5	0	0
微酸性	5.5~6.5	0	0
中性	6.5~7.5	1	20.0
弱碱性	7.5~8.5	4	80.0
碱性	>8.5	0	0
合计	—	5	—

5.3.1.8 Z镇

按照我国第二次土壤普查分级标准对Z镇苹果产地环境土壤酸碱度进行分级,结果见表5-3-9。总体来说,监测区域内2个苹果园土壤点位,pH均处于7.5~8.5,即监测区域内苹果产地环境土壤点位均属于弱碱性土壤($pH = 7.5 \sim 8.5$)。表明Z镇苹果产地环境土壤以弱碱性土壤为主。

表5-3-9 Z镇土壤酸碱度各级别分布情况(参照全国第二次土壤普查分级标准)

级别描述	pH分级指标	点位/个	占比/%
强酸性	<4.5	0	0
酸性	4.5~5.5	0	0
微酸性	5.5~6.5	0	0
中性	6.5~7.5	0	0
弱碱性	7.5~8.5	2	100.0
碱性	>8.5	0	0
合计	—	2	—

5.3.2　土壤有机质各级别分布情况

有机质含量的分级可作为土壤养分分级的主要依据,根据全国第二次土壤普查资料及有关标准,我国将土壤有机质含量分为六级。其中,一级土壤有机质含量最高(有机质含量>40 g/kg),肥力等级描述为丰富;二级土壤有机质含量为 30~40 g/kg,肥力等级描述为较丰富;三级土壤有机质含量为 20~30 g/kg,肥力等级描述为中等;四级土壤有机质含量为 10~20 g/kg,肥力等级描述为缺乏;五级土壤有机质含量为 6~10 g/kg,肥力等级描述为较缺;六级土壤有机质含量<6 g/kg,肥力等级描述为极缺。

按照我国第二次土壤普查分级标准,对 L 市苹果产地环境土壤有机质含量进行分级,结果见表 5-3-10。总体来说,监测区域内 96 个苹果园土壤点位中,有 1 个点位土壤有机质含量大于 40 g/kg,9 个点位土壤有机质含量处于 30~40 g/kg,22 个点位土壤有机质含量处于 20~30 g/kg,58 个点位土壤有机质含量处于 10~20 g/kg,5 个点位土壤有机质含量处于 6~10 g/kg,1 个点位土壤有机质含量小于 6 g/kg,即监测区域内苹果园中土壤点位中,1.0%有机质含量丰富,处于一级水平(有机质含量>40 g/kg);9.4%有机质含量较丰富,处于二级水平(有机质含量 30~40 g/kg);23.0%有机质含量中等,处于三级水平(有机质含量 20~30 g/kg);60.4%有机质含量缺乏,处于四级水平(有机质含量 10~20 g/kg);5.2%有机质含量较缺,处于五级水平(有机质含量 6~10 g/kg);1.0%有机质含量极缺,处于六级水平(有机质含量<6 g/kg)。不同区域苹果产地环境土壤有机质含量分级结果存在一定差异,表明 L 市苹果园土壤中有机质含量整体水平一般,处于较丰富与丰富水平的点位仅占 10.4%,66.6%的点位有机质含量处于缺乏、较缺甚至极缺的水平,建议要特别注重加强有机肥的施用。

表 5-3-10　全市区域土壤有机质含量各级别分布情况(参照全国第二次土壤普查分级标准)

级别	分级描述	分级指标/(g/kg)	点位/个	占比/%
一级	丰富	>40	1	1.0
二级	较丰富	30~40	9	9.4
三级	中等	20~30	22	23.0
四级	缺乏	10~20	58	60.4
五级	较缺	6~10	5	5.2
六级	极缺	<6	1	1.0
合计	—	—	96	—

5.3.2.1　G 镇

按照我国第二次土壤普查分级标准对 G 镇苹果产地环境土壤有机质含量进行分级,结果见表 5-3-11。总体来说,监测区域内 5 个苹果园土壤点位中,有 1 个点位土壤有机质含量处于 20~30 g/kg,有 4 个点位土壤有机质含量处于 10~20 g/kg,即监测区域内苹果园中土壤点位中,20.0% 有机质含量中等,处于三级水平(有机质含量 20~30 g/kg);80.0% 有机质含量缺乏,处于四级水平(有机质含量 10~20 g/kg)。

表 5-3-11　G 镇土壤有机质含量各级别分布情况(参照全国第二次土壤普查分级标准)

级别	分级描述	分级指标/(g/kg)	点位/个	占比/%
一级	丰富	>40	0	0
二级	较丰富	30~40	0	0
三级	中等	20~30	1	20.0
四级	缺乏	10~20	4	80.0
五级	较缺	6~10	0	0
六级	极缺	<6	0	0
合计	—	—	5	—

5.3.2.2　W 乡

按照我国第二次土壤普查分级标准对 W 乡苹果产地环境土壤有机质含量进行分级,结果见表 5-3-12。总体来说,监测区域内 6 个苹果园土壤点位中,有 3 个点位土壤有机质含量处于 30~40 g/kg,2 个点位土壤有机质含量处于 20~30 g/kg,1 个点位土壤有机质含量处于 10~20 g/kg,即监测区域内苹果园中土壤点位中,50.0% 有机质含量较丰富,处于二级水平(有机质含量 30~40 g/kg);33.3% 有机质含量中等,处于三级水平(有机质含量 20~30 g/kg);16.7% 有机质含量缺乏,处于四级水平(有机质含量 10~20 g/kg)。

表 5-3-12　W 乡土壤有机质含量各级别分布情况(参照全国第二次土壤普查分级标准)

级别	分级描述	分级指标(g/kg)	点位/个	占比/%
一级	丰富	>40	0	0
二级	较丰富	30~40	3	50.0
三级	中等	20~30	2	33.3
四级	缺乏	10~20	1	16.7
五级	较缺	6~10	0	0
六级	极缺	<6	0	0
合计	—	—	6	—

5.3.2.3　S 乡

按照我国第二次土壤普查分级标准对 S 乡苹果产地环境土壤有机质含量进行分级,结果见表 5-3-13。总体来说,监测区域内 56 个苹果园土壤点位中,有 3 个点位土壤有机质含量处于 30~40 g/kg,12 个点位土壤有机质含量处于 20~30 g/kg,37 个点位土壤有机质含量处于 10~20 g/kg,3 个点位土壤有机质含量处于 6~10 g/kg,1 个点位土壤有机质含量小于 6 g/kg,即监测区域内苹果园土壤点位中,5.4%有机质含量较丰富,处于二级水平(有机质含量 30~40 g/kg);21.4%有机质含量中等,处于三级水平(有机质含量 20~30 g/kg);66.0%有机质含量缺乏,处于四级水平(有机质含量 10~20 g/kg);5.4%有机质含量较缺,处于五级水平(有机质含量 6~10 g/kg);1.8%有机质含量极缺,处于六级水平(有机质含量<6 g/kg)。

表 5-3-13　S 乡土壤有机质含量各级别分布情况(参照全国第二次土壤普查分级标准)

级别	分级描述	分级指标/(g/kg)	点位/个	占比/%
一级	丰富	>40	0	0
二级	较丰富	30~40	3	5.4
三级	中等	20~30	12	21.4
四级	缺乏	10~20	37	66.0
五级	较缺	6~10	3	5.4
六级	极缺	<6	1	1.8
合计	—	—	56	—

5.3.2.4　J 镇

按照我国第二次土壤普查分级标准对 J 镇苹果产地环境土壤有机质含量进行分级,结果见表 5-3-14。总体来说,监测区域内 8 个苹果园土壤点位中,有 1 个点位土壤有机质含量处于 30~40 g/kg,1 个点位土壤有机质含量处于 20~30 g/kg,5 个点位土壤有机质含量处于 10~20 g/kg,1 个点位土壤有机质含量处于 6~10 g/kg,即监测区域内苹果园中土壤点位中,12.5%有机质含量较丰富,处于二级水平(有机质含量 30~40 g/kg);12.5%有机质含量中等,处于三级水平(有机质含量 20~30 g/kg);62.5%有机质含量缺乏,处于四级水平(有机质含量 10~20 g/kg);12.5%有机质含量较缺,处于五级水平(有机质含量 6~10 g/kg)。

5.3.2.5　C 乡

按照我国第二次土壤普查分级标准对 C 乡苹果产地环境土壤有机质含量进行分级,结果见表 5-3-15。总体来说,监测区域内 12 个苹果园土壤点位中,有 2 个点位土壤有机质含量处于 30~40 g/kg,5 个点位土壤有机质含量处于 20~30 g/kg,5 个点位土壤有机质含量处于 10~20 g/kg,即监测区域内苹果园中土壤点位中,16.6%有机质含量较丰富,处于二级水平(有机质含量 30~40 g/kg);41.7%有机质含量中等,处于三级水平(有机质含量 20~30 g/kg);41.7%有机质含量缺乏,处于四级水平(有机质含量 10~20 g/kg)。

表 5-3-14   J 镇土壤有机质含量各级别分布情况(参照全国第二次土壤普查分级标准)

级别	分级描述	分级指标/(g/kg)	点位/个	占比/%
一级	丰富	>40	0	0
二级	较丰富	30~40	1	12.5
三级	中等	20~30	1	12.5
四级	缺乏	10~20	5	62.5
五级	较缺	6~10	1	12.5
六级	极缺	<6	0	0
合计	—	—	8	—

表 5-3-15   C 乡土壤有机质含量各级别分布情况(参照全国第二次土壤普查分级标准)

级别	分级描述	分级指标/(g/kg)	点位/个	占比/%
一级	丰富	>40	0	0
二级	较丰富	30~40	2	16.6
三级	中等	20~30	5	41.7
四级	缺乏	10~20	5	41.7
五级	较缺	6~10	0	0
六级	极缺	<6	0	0
合计	—	—	12	—

5.3.2.6   K 乡

按照我国第二次土壤普查分级标准对 K 乡苹果产地环境土壤有机质含量进行分级,结果见表 5-3-16。总体来说,监测区域内 2 个苹果园土壤点位中,有 1 个点位土壤有机质含量处于 10~20 g/kg,1 个点位土壤有机质含量处于 6~10 g/kg,即监测区域内苹果园中土壤点位中,50.0%有机质含量缺乏,处于四级水平(有机质含量 10~20 g/kg);50.0%有机质含量较缺,处于五级水平(有机质含量 6~10 g/kg)。

5.3.2.7   P 镇

按照我国第二次土壤普查分级标准对 P 镇苹果产地环境土壤有机质含量进行分级,结果见表 5-3-17。总体来说,监测区域内 5 个苹果园土壤点位有机质含量均处于 10~20 g/kg,即监测区域内苹果园中土壤点位有机质含量均缺乏,处于四级水平(有机质含量 10~20 g/kg)。

表 5-3-16　K 乡土壤有机质含量各级别分布情况（参照全国第二次土壤普查分级标准）

级别	分级描述	分级指标/（g/kg）	点位/个	占比/%
一级	丰富	>40	0	0
二级	较丰富	30~40	0	0
三级	中等	20~30	0	0
四级	缺乏	10~20	1	50.0
五级	较缺	6~10	1	50.0
六级	极缺	<6	0	0.0
合计	—	—	2	—

表 5-3-17　P 镇土壤有机质含量各级别分布情况（参照全国第二次土壤普查分级标准）

级别	分级描述	分级指标/（g/kg）	点位/个	占比/%
一级	丰富	>40	0	0
二级	较丰富	30~40	0	0
三级	中等	20~30	0	0
四级	缺	10~20	5	100.0
五级	较缺	6~10	0	0
六级	极缺	<6	0	0
合计	—	—	5	—

5.3.2.8　Z 镇

按照我国第二次土壤普查分级标准对 Z 镇苹果产地环境土壤有机质含量进行分级，结果见表 5-3-18。总体来说，监测区域内 2 个苹果园土壤点位中，有 1 个点位土壤有机质含量大于 40 g/kg，1 个点位土壤有机质含量处于 20~30 g/kg，即监测区域内苹果园中土壤点位中，50.0% 有机质含量丰富，处于一级水平（有机质含量>40 g/kg）；50.0% 有机质含量中等，处于三级水平（有机质含量 20~30 g/kg）。

5.3.3　土壤全氮各级别分布情况

按照全国第二次土壤普查资料及有关标准，我国将土壤全氮含量分为六级。其中，一级土壤全氮含量最高，全氮含量>2.0 g/kg，肥力等级描述为丰富；二级土壤全氮含量 1.5~2.0 g/kg，肥力等级描述为较丰富；三级土壤全氮含量 1.0~1.5 g/kg，肥力等级描述为中

等;四级土壤全氮含量 0.75~1.0 g/kg,肥力等级描述为缺乏;五级土壤全氮含量 0.5~
0.75 g/kg,肥力等级描述为较缺;六级土壤全氮含量<0.5 g/kg,肥力等级描述为极缺。

表 5-3-18 Z 镇土壤有机质含量各级别分布情况(参照全国第二次土壤普查分级标准)

级别	分级描述	分级指标/(g/kg)	点位/个	占比/%
一级	丰富	>40	1	50.0
二级	较丰富	30~40	0	0
三级	中等	20~30	1	50.0
四级	缺乏	10~20	0	0
五级	较缺	6~10	0	0
六级	极缺	<6	0	0
合计	—	—	2	—

按照我国第二次土壤普查分级标准对 L 市苹果产地环境土壤全氮含量进行分级,结
果见表 5-3-19。总体来说,监测区域内 96 个苹果园土壤点位中,有 3 个点位土壤全氮含
量大于 2.0 g/kg,12 个点位土壤全氮含量在 1.5~2.0 g/kg,25 个点位土壤全氮含量在
1.0~1.5 g/kg,20 个点位土壤全氮含量在 0.75~1.0 g/kg,26 个点位土壤全氮含量在
0.5~0.75 g/kg,10 个点位土壤全氮含量小于 0.5 g/kg,即监测区域内苹果园土壤点位
中,3.1%土壤全氮含量丰富,处于一级水平(全氮含量>2.0 g/kg) ;12.5%土壤全氮含量
较丰富,处于二级水平(全氮含量 1.5~2.0 g/kg) ;26.1%土壤全氮含量中等,处于三级水
平(全氮含量 1.0~1.5 g/kg) ;20.8%土壤全氮含量缺乏,处于四级水平(全氮含量 0.75~
1.0 g/kg) ;27.1%土壤全氮含量较缺,处于五级水平(全氮含量 0.5~0.75 g/kg) ;10.4%
土壤全氮含量极缺,处于六级水平(全氮含量<0.5 g/kg) 。不同区域苹果园土壤全氮含量
分级结果存在一定的差异,表明 L 市苹果园土壤中全氮含量整体水平一般,处于较丰富
与丰富水平的点位仅占 15.6%,26.1%的点位全氮含量处于中等水平,58.3%的点位全氮
含量处于缺乏、较缺甚至极缺的水平,建议要注意含氮肥料的合理施用,提高整体氮含量,
更要注意氮肥与有机肥料配合使用,以提高土壤整体肥力。

5.3.3.1 G 镇

按照我国第二次土壤普查分级标准对 G 镇苹果产地环境土壤全氮含量进行分级,结
果见表 5-3-20。总体来说,监测区域内 5 个苹果园土壤点位中,有 1 个点位土壤全氮含量
在 1.0~1.5 g/kg,3 个点位土壤全氮含量在 0.5~0.75 g/kg,1 个点位土壤全氮含量小于
0.5 g/kg,即监测区域内苹果园土壤点位中,20.0%土壤全氮含量中等,处于三级水平(全
氮含量 1.0~1.5 g/kg) ;60.0%土壤全氮含量较缺,处于五级水平(全氮含量 0.5~0.75
g/kg) ;20.0%土壤全氮含量极缺,处于六级水平(全氮含量<0.5 g/kg) 。

表 5-3-19　全市区域土壤全氮含量各级别分布情况(参照全国第二次土壤普查分级标准)

级别	分级描述	分级指标/(g/kg)	点位/个	占比/%
一级	丰富	>2.0	3	3.1
二级	较丰富	1.5~2.0	12	12.5
三级	中等	1.0~1.5	25	26.1
四级	缺乏	0.75~1.0	20	20.8
五级	较缺	0.5~0.75	26	27.1
六级	极缺	<0.5	10	10.4
合计	—	—	96	—

表 5-3-20　G 镇土壤全氮含量各级别分布情况(参照全国第二次土壤普查分级标准)

级别	分级描述	分级指标/(g/kg)	点位/个	占比/%
一级	丰富	>2.0	0	0
二级	较丰富	1.5~2.0	0	0
三级	中等	1.0~1.5	1	20.0
四级	缺乏	0.75~1.0	0	0
五级	较缺	0.5~0.75	3	60.0
六级	极缺	<0.5	1	20.0
合计	—	—	5	—

5.3.3.2　W 乡

按照我国第二次土壤普查分级标准对 W 乡苹果产地环境土壤全氮含量进行分级,结果见表 5-3-21。总体来说,监测区域内 6 个苹果园土壤点位中,有 2 个点位土壤全氮含量大于 2.0 g/kg,2 个点位土壤全氮含量在 1.5~2.0 g/kg,1 个点位土壤全氮含量在 1.0~1.5 g/kg,1 个点位土壤全氮含量在 0.75~1.0 g/kg,即监测区域内苹果园土壤点位中,33.3%土壤全氮含量丰富,处于一级水平(全氮含量>2.0 g/kg);33.3%土壤全氮含量较丰富,处于二级水平(全氮含量 1.5~2.0 g/kg);16.7%土壤全氮含量中等,处于三级水平(全氮含量 1.0~1.5 g/kg);16.7%土壤全氮含量缺乏,处于四级水平(全氮含量 0.75~1.0 g/kg)。

表 5-3-21 W 乡土壤全氮含量各级别分布情况（参照全国第二次土壤普查分级标准）

级别	分级描述	分级指标/（g/kg）	点位/个	占比/%
一级	丰富	>2.0	2	33.3
二级	较丰富	1.5~2.0	2	33.3
三级	中等	1.0~1.5	1	16.7
四级	缺乏	0.75~1.0	1	16.7
五级	较缺	0.5~0.75	0	0
六级	极缺	<0.5	0	0
合计	—	—	6	—

5.3.3.3 S 乡

按照我国第二次土壤普查分级标准对 S 乡苹果产地环境土壤全氮含量进行分级，结果见表 5-3-22。总体来说，监测区域内 56 个苹果园土壤点位中，有 7 个点位土壤全氮含量在 1.5~2.0 g/kg，15 个点位土壤全氮含量在 1.0~1.5 g/kg，19 个点位土壤全氮含量在 0.75~1.0 g/kg，10 个点位土壤全氮含量在 0.5~0.75 g/kg，5 个点位土壤全氮含量小于 0.5 g/kg，即监测区域内苹果园土壤点位中，12.5% 土壤全氮含量较丰富，处于二级水平（全氮含量 1.5~2.0 g/kg）；26.8% 土壤全氮含量中等，处于三级水平（全氮含量 1.0~1.5 g/kg）；33.9% 土壤全氮含量缺乏，处于四级水平（全氮含量 0.75~1.0 g/kg）；17.9% 土壤全氮含量较缺，处于五级水平（全氮含量 0.5~0.75 g/kg）；8.9% 土壤全氮含量极缺，处于六级水平（全氮含量<0.5 g/kg）。

表 5-3-22 S 乡土壤全氮含量各级别分布情况（参照全国第二次土壤普查分级标准）

级别	分级描述	分级指标/（g/kg）	点位/个	占比/%
一级	丰富	>2.0	0	0
二级	较丰富	1.5~2.0	7	12.5
三级	中等	1.0~1.5	15	26.8
四级	缺乏	0.75~1.0	19	33.9
五级	较缺	0.5~0.75	10	17.9
六级	极缺	<0.5	5	8.9
合计	—	—	56	—

5.3.3.4　J 镇

按照我国第二次土壤普查分级标准对 J 镇苹果产地环境土壤全氮含量进行分级,结果见表 5-3-23。总体来说,监测区域内 8 个苹果园土壤点位中,有 1 个点位土壤全氮含量在 1.5~2.0 g/kg,6 个点位土壤全氮含量在 0.5~0.75 g/kg,1 个点位土壤全氮含量小于 0.5 g/kg,即监测区域内苹果园土壤点位中,12.5% 土壤全氮含量较丰富,处于二级水平 (全氮含量 1.5~2.0 g/kg);75.0% 土壤全氮含量较缺,处于五级水平 (全氮含量 0.5~ 0.75 g/kg);12.5% 土壤全氮含量极缺,处于六级水平 (全氮含量<0.5 g/kg)。

表 5-3-23　J 镇土壤全氮含量各级别分布情况 (参照全国第二次土壤普查分级标准)

级别	分级描述	分级指标/(g/kg)	点位/个	占比/%
一级	丰富	>2.0	0	0
二级	较丰富	1.5~2.0	1	12.5
三级	中等	1.0~1.5	0	0
四级	缺乏	0.75~1.0	0	0
五级	较缺	0.5~0.75	6	75.0
六级	极缺	<0.5	1	12.5
合计	—	—	8	—

5.3.3.5　C 乡

按照我国第二次土壤普查分级标准对 C 乡苹果产地环境土壤全氮含量进行分级,结果见表 5-3-24。总体来说,监测区域内 12 个苹果园土壤点位中,有 1 个点位土壤全氮含量大于 2.0 g/kg,1 个点位土壤全氮含量在 1.5~2.0 g/kg,6 个点位土壤全氮含量在 1.0~ 1.5 g/kg,3 个点位土壤全氮含量在 0.5~0.75 g/kg,1 个点位土壤全氮含量小于 0.5 g/kg,即监测区域内苹果园土壤点位中,8.3% 土壤全氮含量丰富,处于一级水平 (全氮含量>2.0 g/kg);8.3% 土壤全氮含量较丰富,处于二级水平 (全氮含量 1.5~2.0 g/kg);50.0% 土壤全氮含量中等,处于三级水平 (全氮含量 1.0~1.5 g/kg);25.0% 土壤全氮含量较缺,处于五级水平 (全氮含量 0.5~0.75 g/kg);8.4% 土壤全氮含量极缺,处于六级水平 (全氮含量<0.5 g/kg)。

5.3.3.6　K 乡

按照我国第二次土壤普查分级标准对 K 乡苹果产地环境土壤全氮含量进行分级,结果见表 5-3-25。总体来说,监测区域内 2 个苹果园土壤点位土壤全氮含量均在 0.5~0.75 g/kg,即监测区域内苹果园土壤点位土壤全氮含量较缺,均处于五级水平 (全氮含量 0.5~ 0.75 g/kg)。

表 5-3-24　C 乡土壤全氮含量各级别分布情况（参照全国第二次土壤普查分级标准）

级别	分级描述	分级指标/（g/kg）	点位/个	占比/%
一级	丰富	>2.0	1	8.3
二级	较丰富	1.5~2.0	1	8.3
三级	中等	1.0~1.5	6	50.0
四级	缺乏	0.75~1.0	0	0
五级	较缺	0.5~0.75	3	25.0
六级	极缺	<0.5	1	8.4
合计	—	—	12	—

表 5-3-25　K 乡土壤全氮含量各级别分布情况（参照全国第二次土壤普查分级标准）

级别	分级描述	分级指标/（g/kg）	点位/个	占比/%
一级	丰富	>2.0	0	0
二级	较丰富	1.5~2.0	0	0
三级	中等	1.0~1.5	0	0
四级	缺乏	0.75~1.0	0	0
五级	较缺	0.5~0.75	2	100.0
六级	极缺	<0.5	0	0
合计	—	—	2	—

5.3.3.7　P 镇

按照我国第二次土壤普查分级标准对 P 镇苹果产地环境土壤全氮含量进行分级,结果见表 5-3-26。总体来说,监测区域内 5 个苹果园土壤点位中,有 1 个点位土壤全氮含量在 1.0~1.5 g/kg,2 个点位土壤全氮含量在 0.5~0.75 g/kg,2 个点位土壤全氮含量小于 0.5 g/kg,即监测区域内苹果园土壤点位中,20.0%土壤全氮含量中等,处于三级水平(全氮含量 1.0~1.5 g/kg);40.0%土壤全氮含量较缺,处于五级水平(全氮含量 0.5~0.75 g/kg);40.0%土壤全氮含量极缺,处于六级水平(全氮含量<0.5 g/kg)。

表 5-3-26　P 镇土壤全氮含量各级别分布情况 (参照全国第二次土壤普查分级标准)

级别	分级描述	分级指标/(g/kg)	点位/个	占比/%
一级	丰富	>2.0	0	0
二级	较丰富	1.5~2.0	0	0
三级	中等	1.0~1.5	1	20.0
四级	缺乏	0.75~1.0	0	0
五级	较缺	0.5~0.75	2	40.0
六级	极缺	<0.5	2	40.0
合计	—	—	5	—

5.3.3.8　Z 镇

按照我国第二次土壤普查分级标准对 Z 镇苹果产地环境土壤全氮含量进行分级,结果见表 5-3-27。总体来说,监测区域内 2 个苹果园土壤点位中,有 1 个点位土壤全氮含量在 1.5~2.0 g/kg,1 个点位土壤全氮含量在 1.0~1.5 g/kg,即监测区域内苹果园土壤点位中,50.0%土壤全氮含量较丰富,处于二级水平(全氮含量 1.5~2.0 g/kg);50.0%土壤全氮含量中等,处于三级水平(全氮含量 1.0~1.5 g/kg)。

表 5-3-27　Z 镇土壤全氮含量各级别分布情况 (参照全国第二次土壤普查分级标准)

级别	分级描述	分级指标/(g/kg)	点位/个	占比/%
一级	丰富	>2.0	0	0
二级	较丰富	1.5~2.0	1	50.0
三级	中等	1.0~1.5	1	50.0
四级	缺乏	0.75~1.0	0	0
五级	较缺	0.5~0.75	0	0
六级	极缺	<0.5	0	0
合计	—	—	2	—

5.3.4　土壤有效磷各级别分布情况

根据全国第二次土壤普查资料及有关标准,将土壤有效磷含量分为六级,其中一级土壤有效磷含量最高,有效磷含量>40 mg/kg,肥力等级描述为丰富;二级土壤有效磷含量 20~40 mg/kg,肥力等级描述为较丰富;三级土壤有效磷含量 10~20 mg/kg,肥力等级描述为中等;四级土壤有效磷含量5~10 mg/kg,肥力等级描述为缺乏;五级土壤有效磷含量3~5 mg/kg,肥力等级描述为较缺;六级土壤有效磷含量<3 mg/kg,肥力等级描述为极缺。

　　按照我国第二次土壤普查分级标准对 L 市苹果产地环境土壤有效磷含量进行分级,结果见表5-3-28。总体来说,监测区域内96个苹果园土壤点位中,有47个点位土壤有效磷含量大于40 mg/kg,21个点位土壤有效磷含量在20~40 mg/kg,14个点位土壤有效磷含量在10~20 mg/kg,11个点位土壤有效磷含量在5~10 mg/kg,3个点位土壤有效磷含量在3~5 mg/kg,即监测区域内苹果园土壤点位中,49.0%土壤有效磷含量丰富,处于一级水平(有效磷含量>40 mg/kg);21.9%土壤有效磷含量较丰富,处于二级水平(有效磷含量20~40 mg/kg);14.6%土壤有效磷含量中等,处于三级水平(有效磷含量10~20 mg/kg);11.4%土壤有效磷含量缺乏,处于四级水平(有效磷含量5~10 mg/kg);3.1%土壤有效磷含量较缺,处于五级水平(有效磷含量3~5 mg/kg);没有土壤有效磷含量极缺,处于六级水平(有效磷含量<3 mg/kg)的点位。表明 L 市苹果园土壤中有效磷含量整体水平较高,处于较丰富或丰富水平的点位占比70.9%,14.6%的点位有效磷含量处于中等水平,仅14.5%点位有效磷含量处于缺乏、较缺的水平,多数土壤中磷含量基本能够保障苹果正常生长的需要,不必刻意加大磷肥的投入。不同区域苹果园土壤有效磷含量分级结果存在一定的差异。

表 5-3-28　全市区域土壤有效磷含量各级别分布情况(参照全国第二次土壤普查分级标准)

级别	分级描述	分级指标/(mg/kg)	点位/个	占比/%
一级	丰富	>40	47	49.0
二级	较丰富	20~40	21	21.9
三级	中等	10~20	14	14.6
四级	缺乏	5~10	11	11.4
五级	较缺	3~5	3	3.1
六级	极缺	<3	0	0.0
合计	—	—	96	—

5.3.4.1　G 镇

　　按照我国第二次土壤普查分级标准对 G 镇苹果产地环境土壤有效磷含量进行分级,结果见表5-3-29。总体来说,监测区域内5个苹果园土壤点位中,有1个点位土壤有效磷含量大于40 mg/kg,2个点位土壤有效磷含量在5~10 mg/kg,2个点位土壤有效磷含量在3~5 mg/kg,即监测区域内苹果园土壤点位中,20.0%土壤有效磷含量丰富,处于一级水平(有效磷含量>40 mg/kg);40.0%土壤有效磷含量缺乏,处于四级水平(有效磷含量5~10 mg/kg);40.0%土壤有效磷含量较缺,处于五级水平(有效磷含量3~5 mg/kg);没有土壤有效磷含量处于二级水平(有效磷含量20~40 mg/kg)、三级水平(有效磷含量10~20 mg/kg)和六级水平(有效磷含量<3 mg/kg)的点位。

表 5-3-29　G 镇土壤有效磷含量各级别分布情况（参照全国第二次土壤普查分级标准）

级别	分级描述	分级指标/（mg/kg）	点位/个	占比/%
一级	丰富	>40	1	20.0
二级	较丰富	20～40	0	0
三级	中等	10～20	0	0
四级	缺乏	5～10	2	40.0
五级	较缺	3～5	2	40.0
六级	极缺	<3	0	0
合计	—	—	5	—

5.3.4.2　W 乡

按照我国第二次土壤普查分级标准对 W 乡苹果产地环境土壤有效磷含量进行分级，结果见表 5-3-30。总体来说，监测区域内 6 个苹果园土壤点位中，有 5 个点位土壤有效磷含量大于 40 mg/kg，1 个点位土壤有效磷含量在 5～10 mg/kg，即监测区域内苹果园土壤点位中，83.3% 土壤有效磷含量丰富，处于一级水平（有效磷含量>40 mg/kg）；16.7% 土壤有效磷含量缺乏，处于四级水平（有效磷含量 5～10 mg/kg）；没有土壤有效磷含量处于二级水平（有效磷含量 20～40 mg/kg）、三级水平（有效磷含量 10～20 mg/kg）、五级水平（有效磷含量 3～5 mg/kg）和六级水平（有效磷含量<3 mg/kg）的点位。

表 5-3-30　W 乡土壤有效磷含量各级别分布情况（参照全国第二次土壤普查分级标准）

级别	分级描述	分级指标/（mg/kg）	点位/个	占比/%
一级	丰富	>40	5	83.3
二级	较丰富	20～40	0	0
三级	中等	10～20	0	0
四级	缺乏	5～10	1	16.7
五级	较缺	3～5	0	0
六级	极缺	<3	0	0
合计	—	—	6	—

5.3.4.3　S 乡

按照我国第二次土壤普查分级标准对 S 乡苹果产地环境土壤有效磷含量进行分级，结果见表 5-3-31。总体来说，监测区域内 56 个苹果园土壤点位中，有 32 个点位土壤有效磷含量大于 40 mg/kg，14 个点位土壤有效磷含量在 20～40 mg/kg，6 个点位土壤有效磷含量在 10～20 mg/kg，3 个点位土壤有效磷含量在 5～10 mg/kg，1 个点位土壤有效磷含量在

3~5 mg/kg,即监测区域内苹果园土壤点位中,57.1%土壤有效磷含量丰富,处于一级水平(有效磷含量>40 mg/kg);25.0%土壤有效磷含量较丰富,处于二级水平(有效磷含量20~40 mg/kg);10.7%土壤有效磷含量中等,处于三级水平(有效磷含量 10~20 mg/kg);5.4%土壤有效磷含量缺乏,处于四级水平(有效磷含量 5~10 mg/kg);1.8%土壤有效磷含量较缺,处于五级水平(有效磷含量 3~5 mg/kg);没有土壤有效磷处于六级水平(有效磷含量<3 mg/kg)的点位。

表 5-3-31　S 乡土壤有效磷含量各级别分布情况(参照全国第二次土壤普查分级标准)

级别	分级描述	分级指标/(mg/kg)	点位/个	占比/%
一级	丰富	>40	32	57.1
二级	较丰富	20~40	14	25.0
三级	中等	10~20	6	10.7
四级	缺乏	5~10	3	5.4
五级	较缺	3~5	1	1.8
六级	极缺	<3	0	0
合计	—	—	56	—

5.3.4.4　J 镇

按照我国第二次土壤普查分级标准对 J 镇苹果产地环境土壤有效磷含量进行分级,结果见表 5-3-32。总体来说,监测区域内 8 个苹果园土壤点位中,有 1 个点位土壤有效磷含量大于 40 mg/kg,2 个点位土壤有效磷含量在 20~40 mg/kg,3 个点位土壤有效磷含量在 10~20 mg/kg,2 个点位土壤有效磷含量在 5~10 mg/kg,即监测区域内苹果园土壤点位中,12.5%土壤有效磷含量丰富,处于一级水平(有效磷含量>40 mg/kg);25.0%土壤有效磷含量较丰富,处于二级水平(有效磷含量 20~40 mg/kg);37.5%土壤有效磷含量中等,处于三级水平(有效磷含量 10~20 mg/kg);25.0%土壤有效磷含量缺乏,处于四级水平(有效磷含量 5~10 mg/kg);没有土壤有效磷含量处于五级水平(有效磷含量 3~5 mg/kg)和六级水平(有效磷含量<3 mg/kg)的点位。

5.3.4.5　C 乡

按照我国第二次土壤普查分级标准对 C 乡苹果产地环境土壤有效磷含量进行分级,结果见表 5-3-33。总体来说,监测区域内 12 个苹果园土壤点位中,有 4 个点位土壤有效磷含量大于 40 mg/kg,1 个点位土壤有效磷含量在 20~40 mg/kg,4 个点位土壤有效磷含量在 10~20 mg/kg,3 个点位土壤有效磷含量在 5~10 mg/kg,即监测区域内苹果园土壤点位中,33.4%土壤有效磷含量丰富,处于一级水平(有效磷含量>40 mg/kg);8.3%土壤有效磷含量较丰富,处于二级水平(有效磷含量 20~40 mg/kg);33.3%土壤有效磷含量中等,处于三级水平(有效磷含量 10~20 mg/kg);25.0%土壤有效磷含量缺乏,处于四级水平(有效磷含量 5~10 mg/kg);没有土壤有效磷含量处于五级水平(有效磷含量 3~5 mg/kg)和六级水平(有效磷含量<3 mg/kg)的点位。

表 5-3-32 J 镇土壤有效磷含量各级别分布情况(参照全国第二次土壤普查分级标准)

级别	分级描述	分级指标/(mg/kg)	点位/个	占比/%
一级	丰富	>40	1	12.5
二级	较丰富	20~40	2	25.0
三级	中等	10~20	3	37.5
四级	缺乏	5~10	2	25.0
五级	较缺	3~5	0	0
六级	极缺	<3	0	0
合计	—	—	8	—

表 5-3-33 C 乡土壤有效磷含量各级别分布情况(参照全国第二次土壤普查分级标准)

级别	分级描述	分级指标/(mg/kg)	点位/个	占比/%
一级	丰富	>40	4	33.4
二级	较丰富	20~40	1	8.3
三级	中等	10~20	4	33.3
四级	缺乏	5~10	3	25.0
五级	较缺	3~5	0	0
六级	极缺	<3	0	0
合计	—	—	12	—

5.3.4.6 K 乡

按照我国第二次土壤普查分级标准对 K 乡苹果产地环境土壤有效磷含量进行分级,结果见表 5-3-34。总体来说,监测区域内 2 个苹果园土壤点位土壤有效磷含量均在 20~40 mg/kg,即监测区域内苹果园土壤点位中,100.0%土壤有效磷含量较丰富,均处于二级水平(有效磷含量 20~40 mg/kg),没有土壤有效磷含量处于一级水平(有效磷含量>40 mg/kg)、三级水平(有效磷含量 10~20 mg/kg)、四级水平(有效磷含量 5~10 mg/kg)、五级水平(有效磷含量 3~5 mg/kg)和六级水平(有效磷含量<3 mg/kg)的点位。

表 5-3-34　K 乡土壤有效磷含量各级别分布情况(参照全国第二次土壤普查分级标准)

级别	分级描述	分级指标/(mg/kg)	点位/个	占比/%
一级	丰富	>40	0	0
二级	较丰富	20~40	2	100.0
三级	中等	10~20	0	0
四级	缺乏	5~10	0	0
五级	较缺	3~5	0	0
六级	极缺	<3	0	0
合计	—	—	2	—

5.3.4.7　P 镇

按照我国第二次土壤普查分级标准对 P 镇苹果产地环境土壤有效磷含量进行分级,结果见表 5-3-35。总体来说,监测区域内 5 个苹果园土壤点位中,有 2 个点位土壤有效磷含量大于 40 mg/kg,2 个点位土壤有效磷含量在 20~40 mg/kg,1 个点位土壤有效磷含量在 10~20 mg/kg,即监测区域内苹果园土壤点位中;40.0%土壤有效磷含量丰富,处于一级水平(有效磷含量>40 mg/kg) ;40.0%土壤有效磷含量较丰富,处于二级水平(有效磷含量 20~40 mg/kg) ;20.0%土壤有效磷含量中等,处于三级水平(有效磷含量 10~20 mg/kg) ;没有土壤有效磷含量处于四级水平(有效磷含量 5~10 mg/kg) 、五级水平(有效磷含量 3~5 mg/kg) 和六级水平(有效磷含量<3 mg/kg) 的点位。

5.3.4.8　Z 镇

按照我国第二次土壤普查分级标准对 Z 镇苹果产地环境土壤有效磷含量进行分级,结果见表 5-3-36。总体来说,监测区域内 2 个苹果园土壤点位土壤有效磷含量均大于 40 mg/kg,即监测区域内苹果园土壤点位中,100.0%土壤有效磷含量丰富,均处于一级水平(有效磷含量>40 mg/kg) ,没有土壤有效磷含量处于二级水平(有效磷含量 20 ~ 40 mg/kg) 、三级水平(有效磷含量 10~20 mg/kg) 、四级水平(有效磷含量 5~10 mg/kg) 、五级水平(有效磷含量 3~5 mg/kg) 和六级水平(有效磷含量<3 mg/kg) 的点位。

5.3.5　土壤速效钾各级别分布情况

根据全国第二次土壤普查资料及有关标准,将土壤速效钾含量分为六级。其中,一级土壤速效钾含量最高,速效钾含量>200 mg/kg,肥力等级描述为丰富;二级土壤速效钾含量 150~200 mg/kg,肥力等级描述为较丰富;三级土壤速效钾含量 100~150 mg/kg,肥力等级描述为中等;四级土壤速效钾含量 50~100 mg/kg,肥力等级描述为缺乏;五级土壤速效钾含量 30~50 mg/kg,肥力等级描述为较缺;六级土壤速效钾含量<30 mg/kg,肥力等级描述为极缺。

表 5-3-35　P 镇土壤有效磷含量各级别分布情况(参照全国第二次土壤普查分级标准)

级别	分级描述	分级指标(mg/kg)	点位/个	占比/%
一级	丰富	>40	2	40.0
二级	较丰富	20~40	2	40.0
三级	中等	10~20	1	20.0
四级	缺乏	5~10	0	0
五级	较缺	3~5	0	0
六级	极缺	<3	0	0
合计	—	—	5	—

表 5-3-36　Z 镇土壤有效磷含量各级别分布情况(参照全国第二次土壤普查分级标准)

级别	分级描述	分级指标/(mg/kg)	点位/个	占比/%
一级	丰富	>40	2	100.0
二级	较丰富	20~40	0	0
三级	中等	10~20	0	0
四级	缺乏	5~10	0	0
五级	较缺	3~5	0	0
六级	极缺	<3	0	0
合计	—	—	2	—

按照我国第二次土壤普查分级标准对 L 市苹果产地环境土壤速效钾含量进行分级,结果见表 5-3-37。总体来说,监测区域内 96 个苹果园土壤点位中,有 76 个点位土壤速效钾含量大于 200 mg/kg,13 个点位土壤速效钾含量在 150~200 mg/kg,7 个点位土壤速效钾含量在 100~150 mg/kg,即监测区域内苹果园土壤点位中,79.2%土壤速效钾含量丰富,处于一级水平(速效钾含量>200 mg/kg);13.5%土壤速效钾含量较丰富,处于二级水平(速效钾含量 150~200 mg/kg);7.3%土壤速效钾含量中等,处于三级水平(速效钾含量 100~150 mg/kg);没有速效钾含量处于四级水平(速效钾含量 50~100 mg/kg)、五级水平(速效钾含量 30~50 mg/kg)、六级水平(速效钾含量<30 mg/kg)的点位。表明 L 市苹果园土壤中速效钾含量整体水平非常高,处于较丰富与丰富水平的点位占比 92.7%,仅7.3%的点位速效钾含量处于中等水平,土壤中钾素基本能够保障苹果正常生长的需要,大部分区域不必刻意加大钾肥的投入。不同区域苹果园土壤速效钾分级结果存在一定的

差异。

表 5-3-37　全市区域土壤速效钾含量各级别分布情况（参照全国第二次土壤普查分级标准）

级别	分级描述	分级指标/（mg/kg）	点位/个	占比/%
一级	丰富	>200	76	79.2
二级	较丰富	150~200	13	13.5
三级	中等	100~150	7	7.3
四级	缺乏	50~100	0	0
五级	较缺	30~50	0	0
六级	极缺	<30	0	0
合计	—	—	96	—

5.3.5.1　G 镇

按照我国第二次土壤普查分级标准对 G 镇苹果产地环境土壤速效钾含量进行分级，结果见表 5-3-38。总体来说，监测区域内 5 个苹果园土壤点位中，有 1 个点位土壤速效钾含量大于 200 mg/kg，2 个点位土壤速效钾含量在 150~200 mg/kg，2 个点位土壤速效钾含量在 100~150 mg/kg，即监测区域内苹果园土壤点位中，20.0% 土壤速效钾含量丰富，处于一级水平（速效钾含量>200 mg/kg）；40.0% 土壤速效钾含量较丰富，处于二级水平（速效钾含量 150~200 mg/kg）；40.0% 土壤速效钾含量中等，处于三级水平（速效钾含量 100~150 mg/kg）；没有土壤速效钾含量处于四级水平（速效钾含量 50~100 mg/kg）、五级水平（速效钾含量 30~50 mg/kg）、六级水平（速效钾含量<30 mg/kg）的点位。

表 5-3-38　G 镇土壤速效钾含量各级别分布情况（参照全国第二次土壤普查分级标准）

级别	分级描述	分级指标/（mg/kg）	点位/个	占比/%
一级	丰富	>200	1	20.0
二级	较丰富	150~200	2	40.0
三级	中等	100~150	2	40.0
四级	缺乏	50~100	0	0
五级	较缺	30~50	0	0
六级	极缺	<30	0	0
合计	—	—	5	—

5.3.5.2　W乡

按照我国第二次土壤普查分级标准对W乡苹果产地环境土壤速效钾含量进行分级，结果见表5-3-39。总体来说，监测区域内6个苹果园土壤点位中，有5个点位土壤速效钾含量大于200 mg/kg，1个点位土壤速效钾含量在150～200 mg/kg，即监测区域内苹果园土壤点位中，83.3%土壤速效钾含量丰富，处于一级水平（速效钾含量＞200 mg/kg）；16.7%土壤速效钾含量较丰富，处于二级水平（速效钾含量150～200 mg/kg）；没有土壤速效钾含量处于三级水平（速效钾含量100～150 mg/kg）、四级水平（速效钾含量50～100 mg/kg）、五级水平（速效钾含量30～50 mg/kg）、六级水平（速效钾含量＜30 mg/kg）的点位。

表5-3-39　W乡土壤速效钾含量各级别分布情况（参照全国第二次土壤普查分级标准）

级别	分级描述	分级指标/(mg/kg)	点位/个	占比/%
一级	丰富	＞200	5	83.3
二级	较丰富	150～200	1	16.7
三级	中等	100～150	0	0
四级	缺乏	50～100	0	0
五级	较缺	30～50	0	0
六级	极缺	＜30	0	0
合计	—	—	6	—

5.3.5.3　S乡

按照我国第二次土壤普查分级标准对S乡苹果产地环境土壤速效钾含量进行分级，结果见表5-3-40。总体来说，监测区域内56个苹果园土壤点位中，有50个点位土壤速效钾含量大于200 mg/kg，4个点位土壤速效钾含量在150～200 mg/kg，2个点位土壤速效钾含量在100～150 mg/kg，即监测区域内苹果园土壤点位中，89.3%土壤速效钾含量丰富，处于一级水平（速效钾含量＞200 mg/kg）；7.1%土壤速效钾含量较丰富，处于二级水平（速效钾含量150～200 mg/kg）；3.6%土壤速效钾含量中等，处于三级水平（速效钾含量100～150 mg/kg）；没有土壤速效钾含量处于四级水平（速效钾含量50～100 mg/kg）、五级水平（速效钾含量30～50 mg/kg）、六级水平（速效钾含量＜30 mg/kg）的点位。

5.3.5.4　J镇

按照我国第二次土壤普查分级标准对J镇苹果产地环境土壤速效钾含量进行分级，结果见表5-3-41。总体来说，监测区域内8个苹果园土壤点位中，有5个点位土壤速效钾含量大于200 mg/kg，有3个点位土壤速效钾含量在150～200 mg/kg，即监测区域内苹果园土壤点位中，62.5%土壤速效钾含量丰富，处于一级水平（速效钾含量＞200 mg/kg）；37.5%土壤速效钾含量较丰富，处于二级水平（速效钾含量150～200 mg/kg）；没有土壤速效效钾含量处于三级水平(速效钾含量 100 ~ 150 mg/kg)、四级水平(速效钾含量 50 ~ 100 mg/kg)、五级水平(速效钾含量 30 ~ 50 mg/kg)、六级水平(速效钾含量 < 30 mg/kg)的点位。

表 5-3-40　S 乡土壤速效钾含量各级别分布情况(参照全国第二次土壤普查分级标准)

级别	分级描述	分级指标/(mg/kg)	点位/个	占比/%
一级	丰富	>200	50	89.3
二级	较丰富	150 ~ 200	4	7.1
三级	中等	100 ~ 150	2	3.6
四级	缺乏	50 ~ 100	0	0
五级	较缺	30 ~ 50	0	0
六级	极缺	<30	0	0
合计	—		56	

表 5-3-41　J 镇土壤速效钾含量各级别分布情况(参照全国第二次土壤普查分级标准)

级别	分级描述	分级指标/(mg/kg)	点位/个	占比/%
一级	丰富	>200	5	62.5
二级	较丰富	150 ~ 200	3	37.5
三级	中等	100 ~ 150	0	0
四级	缺乏	50 ~ 100	0	0
五级	较缺	30 ~ 50	0	0
六级	极缺	<30	0	0
合计	—		8	—

5.3.5.5　C 乡

按照我国第二次土壤普查分级标准对 C 乡苹果产地环境土壤速效钾含量进行分级,结果见表 5-3-42。总体来说,监测区域内 12 个苹果园土壤点位中,有 9 个点位土壤速效钾含量大于 200 mg/kg,2 个点位土壤速效钾含量在 150 ~ 200 mg/kg,1 个点位土壤速效钾含量在 100 ~ 150 mg/kg,即监测区域内苹果园土壤点位中,75.0% 土壤速效钾含量丰富,处于一级水平(速效钾含量 >200 mg/kg);16.7% 土壤速效钾含量较丰富,处于二级水平(速效钾含量 150 ~ 200 mg/kg);8.3% 土壤速效钾含量中等,处于三级水平(速效钾含量 100 ~ 150 mg/kg);没有土壤速效钾含量处于四级水平(速效钾含量 50 ~ 100 mg/kg)、五级水平(速效钾含量 30 ~ 50 mg/kg)、六级水平(速效钾含量 <30 mg/kg)的点位。

表 5-3-42　C 乡土壤速效钾含量各级别分布情况 (参照全国第二次土壤普查分级标准)

级别	分级描述	分级指标/(mg/kg)	点位/个	占比/%
一级	丰富	>200	9	75.0
二级	较丰富	150~200	2	16.7
三级	中等	100~150	1	8.3
四级	缺乏	50~100	0	0
五级	较缺	30~50	0	0
六级	极缺	<30	0	0
合计	—	—	12	—

5.3.5.6　K 乡

按照我国第二次土壤普查分级标准对 K 乡苹果产地环境土壤速效钾含量进行分级，结果见表 5-3-43。总体来说，监测区域内 2 个苹果园土壤点位中，有 1 个点位土壤速效钾含量大于 200 mg/kg，1 个点位土壤速效钾含量在 100~150 mg/kg，即监测区域内苹果园土壤点位中，50.0% 土壤速效钾含量丰富，处于一级水平 (速效钾含量 >200 mg/kg)；50.0% 土壤速效钾含量中等，处于三级水平 (速效钾含量 100~150 mg/kg)；没有土壤速效钾含量处于二级水平 (速效钾含量 150~200 mg/kg)、四级水平 (速效钾含量 50~100 mg/kg)、五级水平 (速效钾含量 30~50 mg/kg)、六级水平 (速效钾含量 <30 mg/kg) 的点位。

表 5-3-43　K 乡土壤速效钾含量各级别分布情况 (参照全国第二次土壤普查分级标准)

级别	分级描述	分级指标/(mg/kg)	点位/个	占比/%
一级	丰富	>200	1	50.0
二级	较丰富	150~200	0	0
三级	中等	100~150	1	50.0
四级	缺乏	50~100	0	0
五级	较缺	30~50	0	0
六级	极缺	<30	0	0
合计	—	—	2	—

5.3.5.7　P 镇

按照我国第二次土壤普查分级标准对 P 镇苹果产地环境土壤速效钾含量进行分级，结果见表 5-3-44。总体来说，监测区域内 5 个苹果园土壤点位中，有 3 个点位土壤速效钾含量大于 200 mg/kg,1 个点位土壤速效钾含量在 150~200 mg/kg,1 个点位土壤速效钾含量在 100~150 mg/kg,即监测区域内苹果园土壤点位中,60.0%土壤速效钾含量丰富,处于一级水平(速效钾含量>200 mg/kg);20.0%土壤速效钾含量较丰富,处于二级水平(速效钾含量 150~200 mg/kg);20.0%土壤速效钾含量中等,处于三级水平(速效钾含量 100~150 mg/kg);没有土壤速效钾含量处于四级水平(速效钾含量 50~100 mg/kg)、五级水平(速效钾含量 30~50 mg/kg)、六级水平(速效钾含量<30 mg/kg)的点位。

表 5-3-44 P 镇土壤速效钾含量各级别分布情况(参照全国第二次土壤普查分级标准)

级别	分级描述	分级指标/(mg/kg)	点位/个	占比/%
一级	丰富	>200	3	60.0
二级	较丰富	150~200	1	20.0
三级	中等	100~150	1	20.0
四级	缺乏	50~100	0	0
五级	较缺	30~50	0	0
六级	极缺	<30	0	0
合计	—	—	5	—

5.3.5.8 Z 镇

按照我国第二次土壤普查分级标准对 Z 镇苹果产地环境土壤速效钾含量进行分级,结果见表 5-3-45。总体来说,监测区域内 2 个苹果园土壤点位土壤速效钾含量均大于 200 mg/kg,即监测区域内苹果园土壤点位土壤速效钾含量丰富,均处于一级水平(速效钾含量>200 mg/kg),没有土壤速效钾含量处于二级水平(速效钾含量 150~200 mg/kg)、三级水平(速效钾含量 100~150 mg/kg)、四级水平(速效钾含量 50~100 mg/kg)、五级水平(速效钾含量 30~50 mg/kg)、六级水平(速效钾含量<30 mg/kg)的点位。

表 5-3-45 Z 镇土壤速效钾含量各级别分布情况(参照全国第二次土壤普查分级标准)

级别	分级描述	分级指标/(mg/kg)	点位/个	占比/%
一级	丰富	>200	2	100.0
二级	较丰富	150~200	0	0
三级	中等	100~150	0	0
四级	缺乏	50~100	0	0
五级	较缺	30~50	0	0
六级	极缺	<30	0	0
合计	—	—	2	—

5.4　绿色食品产地环境质量适宜性评价

从可持续发展的角度,按照《绿色食品 产地环境质量》(NY/T 391—2021)的要求,对 L 市苹果园土壤进行基本肥力评价,并根据分级结果给出施肥建议。

5.4.1　有机质

参照《绿色食品 产地环境质量》(NY/T 391—2021),对 L 市苹果产地环境土壤有机质含量进行分级,结果见表 5-4-1。总体来说,监测区域内 96 个苹果园土壤点位中,有 32 个点位土壤有机质含量大于 20 g/kg,30 个点位土壤有机质含量在 15~20 g/kg,34 个点位土壤有机质含量小于 15 g/kg,即监测区域内苹果园土壤点位中,33.3%土壤有机质含量丰富,处于 Ⅰ 级水平(有机质含量>20 g/kg);31.3%土壤有机质含量尚可,处于 Ⅱ 级水平(有机质含量 15~20 g/kg);35.4%土壤有机质含量低于临界值,处于 Ⅲ 级水平(有机质含量<15 g/kg)。表明 L 市苹果园土壤中有机质含量整体水平一般,有待进一步提高,建议加强有机肥的施用。

表 5-4-1　全市区域土壤有机质含量分级情况[按《绿色食品 产地环境质量》(NY/T 391—2001)]

级别	分级描述	分级指标/(g/kg)	点位/个	占比/%
Ⅰ 级	丰富	>20	32	33.3
Ⅱ 级	尚可	15~20	30	31.3
Ⅲ 级	低于临界值	<15	34	35.4
合计	—	—	96	—

5.4.1.1　G 镇

参照《绿色食品 产地环境质量》(NY/T 391—2021)的要求,对 G 镇苹果产地环境土壤有机质含量进行分级,结果见表 5-4-2。总体来说,监测区域内 5 个苹果园土壤点位中,有 1 个点位土壤有机质含量大于 20 g/kg,1 个点位土壤有机质含量在 15~20 g/kg,3 个点位土壤有机质含量小于 15 g/kg,即监测区域内苹果园土壤点位中,20.0%土壤有机质含量丰富,处于 Ⅰ 级水平(有机质含量>20 g/kg);20.0%土壤有机质含量尚可,处于 Ⅱ 级水平(有机质含量 15~20 g/kg);60.0%土壤有机质含量低于临界值,处于 Ⅲ 级水平(有机质含量<15 g/kg)。表明 G 镇苹果园土壤中有机质含量整体水平一般,有待进一步提高,建议加强有机肥的施用。

5.4.1.2　W 乡

参照《绿色食品 产地环境质量》(NY/T 391—2021)的要求,对 W 乡苹果产地环境土壤有机质含量进行分级,结果见表 5-4-3。总体来说,监测区域内 6 个苹果园土壤点位中,有 5 个点位土壤有机质含量大于 20 g/kg,1 个点位土壤有机质含量小于 15 g/kg,即监测区域内苹果园土壤点位中,83.3%土壤有机质含量丰富,处于 Ⅰ 级水平(有机质含量>20

g/kg);16.7%土壤有机质含量低于临界值,处于Ⅲ级水平(有机质含量<15 g/kg)。表明W 乡苹果园土壤中有机质含量整体水平较高。

表 5-4-2　G 镇土壤有机质含量分级情况[按《绿色食品 产地环境质量》(NY/T 391—2021)]

级别	分级描述	分级指标/(g/kg)	点位/个	占比/%
Ⅰ级	丰富	>20	1	20.0
Ⅱ级	尚可	15~20	1	20.0
Ⅲ级	低于临界值	<15	3	60.0
合计	—	—	5	—

表 5-4-3　W 乡土壤有机质含量分级情况[按《绿色食品 产地环境质量》(NY/T 391—2021)]

级别	分级描述	分级指标/(g/kg)	点位/个	占比/%
Ⅰ级	丰富	>20	5	83.3
Ⅱ级	尚可	15~20	0	0
Ⅲ级	低于临界值	<15	1	16.7
合计	—	—	6	—

5.4.1.3　S 乡

参照《绿色食品 产地环境质量》(NY/T 391—2021)的要求,对 S 乡苹果产地环境土壤有机质含量进行分级,结果见表 5-4-4。总体来说,监测区域内 56 个苹果园土壤点位中,有 15 个点位土壤有机质含量大于 20 g/kg,20 个点位土壤有机质含量在 15~20 g/kg,21 个点位土壤有机质含量小于 15 g/kg,即监测区域内苹果园土壤点位中,26.8%土壤有机质含量丰富,处于Ⅰ级水平(有机质含量>20 g/kg);35.7%土壤有机质含量尚可,处于Ⅱ级水平(有机质含量 15~20 g/kg);37.5%土壤有机质含量低于临界值,处于Ⅲ级水平(有机质含量<15 g/kg)。表明 S 乡苹果园土壤中有机质含量整体水平有待进一步提高,建议加强有机肥的施用。

表 5-4-4　S 乡土壤有机质含量分级情况[按《绿色食品 产地环境质量》(NY/T 391—2021)]

级别	分级描述	分级指标/(g/kg)	点位/个	占比/%
Ⅰ级	丰富	>20	15	26.8
Ⅱ级	尚可	15~20	20	35.7
Ⅲ级	低于临界值	<15	21	37.5
合计	—	—	56	—

5.4.1.4　J 镇

参照《绿色食品 产地环境质量》(NY/T 391—2021)的要求,对 J 镇苹果产地环境土壤有机质含量进行分级,结果见表 5-4-5。总体来说,监测区域内 8 个苹果园土壤点位中,有 2 个点位土壤有机质含量大于 20 g/kg,2 个点位土壤有机质含量在 15~20 g/kg,4 个点位土壤有机质含量小于 15 g/kg,即监测区域内苹果园土壤点位中,25.0%土壤有机质含量丰富,处于Ⅰ级水平(有机质含量>20 g/kg);25.0%土壤有机质含量尚可,处于Ⅱ级水平(有机质含量 15~20 g/kg);50.0%土壤有机质含量低于临界值,处于Ⅲ级水平(有机质含量<15 g/kg)。表明 J 镇苹果园土壤中有机质含量整体水平有待进一步提高,建议加强有机肥的施用。

表 5-4-5　J 镇土壤有机质含量分级情况[按《绿色食品 产地环境质量》(NY/T 391—2021)]

级别	分级描述	分级指标/(g/kg)	点位/个	占比/%
Ⅰ级	丰富	>20	2	25.0
Ⅱ级	尚可	15~20	2	25.0
Ⅲ级	低于临界值	<15	4	50.0
合计	—	—	8	—

5.4.1.5　C 乡

参照《绿色食品 产地环境质量》(NY/T 391—2021)的要求,对 C 乡苹果产地环境土壤有机质含量进行分级,结果见表 5-4-6。总体来说,监测区域内 12 个苹果园土壤点位中,有 7 个点位土壤有机质含量大于 20 g/kg,4 个点位土壤有机质含量在 15~20 g/kg,1 个点位土壤有机质含量小于 15 g/kg,即监测区域内苹果园土壤点位中,58.4%土壤有机质含量丰富,处于Ⅰ级水平(有机质含量>20 g/kg);33.3%土壤有机质含量尚可,处于Ⅱ级水平(有机质含量 15~20 g/kg);8.3%土壤有机质含量低于临界值,处于Ⅲ级水平(有机质含量<15 g/kg)。表明 C 乡苹果园土壤中有机质含量整体水平有待进一步提高,建议加强有机肥的施用。

表 5-4-6　C 乡土壤有机质含量分级情况[按《绿色食品 产地环境质量》(NY/T 391—2021)]

级别	分级描述	分级指标/(g/kg)	点位/个	占比/%
Ⅰ级	丰富	>20	7	58.4
Ⅱ级	尚可	15~20	4	33.3
Ⅲ级	低于临界值	<15	1	8.3
合计	—	—	12	—

5.4.1.6　K 乡

参照《绿色食品 产地环境质量》(NY/T 391—2021)的要求,对 K 乡苹果产地环境土壤有机质含量进行分级,结果见表 5-4-7。总体来说,监测区域内 2 个苹果园土壤点位中,有 1 个点位土壤有机质含量在 15~20 g/kg,1 个点位土壤有机质含量小于 15 g/kg,即监测区域内苹果园土壤点位中;50.0%土壤有机质含量尚可,处于Ⅱ级水平(有机质含量 15~20 g/kg);50.0%土壤有机质含量低于临界值,处于Ⅲ级水平(有机质含量<15 g/kg)。表明 K 乡苹果园土壤中有机质含量整体水平较低,建议加强有机肥的施用。

表 5-4-7　K 乡土壤有机质含量分级情况[按《绿色食品 产地环境质量》(NY/T 391—2021)]

级别	分级描述	分级指标/(g/kg)	点位/个	占比/%
Ⅰ级	丰富	>20	0	0
Ⅱ级	尚可	15~20	1	50.0
Ⅲ级	低于临界值	<15	1	50.0
合计	—	—	2	—

5.4.1.7　P 镇

参照《绿色食品 产地环境质量》(NY/T 391—2021)的要求,对 P 镇苹果产地环境土壤有机质含量进行分级,结果见表 5-4-8。总体来说,监测区域内 5 个苹果园土壤点位中,有 2 个点位土壤有机质含量在 15~20 g/kg,3 个点位土壤有机质含量小于 15 g/kg,即监测区域内苹果园土壤点位中,40.0%土壤有机质含量尚可,处于Ⅱ级水平(有机质含量 15~20 g/kg);60.0%土壤有机质含量低于临界值,处于Ⅲ级水平(有机质含量<15 g/kg)。表明 P 镇苹果园土壤中有机质含量整体水平较低,建议加强有机肥的施用。

表 5-4-8　P 镇土壤有机质含量分级情况[按《绿色食品 产地环境质量》(NY/T 391—2021)]

级别	分级描述	分级指标/(g/kg)	点位/个	占比/%
Ⅰ级	丰富	>20	0	0
Ⅱ级	尚可	15~20	2	40.0
Ⅲ级	低于临界值	<15	3	60.0
合计	—	—	5	—

5.4.1.8　Z 镇

参照《绿色食品 产地环境质量》(NY/T 391—2021)的要求,对 Z 镇苹果产地环境土壤有机质含量进行分级,结果见表 5-4-9。总体来说,监测区域内 2 个苹果园土壤点位有机质含量均大于 20 g/kg,即监测区域内苹果园土壤点位土壤有机质含量丰富,均处于Ⅰ级水平(有机质含量>20 g/kg)。表明 Z 镇苹果园土壤中有机质含量整体水平较高。

表 5-4-9　Z 镇土壤有机质含量分级情况 [按《绿色食品 产地环境质量》(NY/T 391—2021)]

级别	分级描述	分级指标/(g/kg)	点位/个	占比/%
Ⅰ级	丰富	>20	2	100.0
Ⅱ级	尚可	15~20	0	0
Ⅲ级	低于临界值	<15	0	0
合计	—		2	—

5.4.2　全氮

　　参照《绿色食品 产地环境质量》(NY/T 391—2021) 的要求,对 L 市苹果产地环境土壤全氮含量进行分级,结果见表 5-4-10。总体来说,监测区域内 96 个苹果园土壤点位中,有 40 个点位土壤全氮含量大于 1.0 g/kg,17 个点位土壤全氮含量在 0.8~1.0 g/kg,39 个点位土壤全氮含量小于 0.8 g/kg,即监测区域内苹果园土壤点位中;41.7%土壤全氮含量丰富,处于Ⅰ级水平(全氮含量>1.0 g/kg) ;17.7%土壤全氮含量尚可,处于Ⅱ级水平(全氮含量 0.8~1.0 g/kg) ;40.6%土壤全氮含量低于临界值,处于Ⅲ级水平(全氮含量<0.8 g/kg)。表明 L 市苹果园土壤中全氮含量整体水平一般,有待进一步提高,尤其是Ⅱ级、Ⅲ级点位土壤要注意含氮肥料的合理施用,提高整体氮含量,更要注意氮肥与有机肥料配合使用,以提高土壤整体肥力。

表 5-4-10　全市区域土壤全氮含量分级情况 [按《绿色食品 产地环境质量》(NY/T 391—2021)]

级别	分级描述	分级指标/(g/kg)	点位/个	占比/%
Ⅰ级	丰富	>1.0	40	41.7
Ⅱ级	尚可	0.8~1.0	17	17.7
Ⅲ级	低于临界值	<0.8	39	40.6
合计	—		96	—

5.4.2.1　G 镇

　　参照《绿色食品 产地环境质量》(NY/T 391—2021) 的要求,对 G 镇苹果产地环境土壤全氮含量进行分级,结果见表 5-4-11。总体来说,监测区域内 5 个苹果园土壤点位中,有 1 个点位土壤全氮含量大于 1.0 g/kg,4 个点位土壤全氮含量小于 0.8 g/kg,即监测区域内苹果园土壤点位中,20.0%土壤全氮含量丰富,处于Ⅰ级水平(全氮含量>1.0 g/kg) ;80.0%土壤全氮含量低于临界值,处于Ⅲ级水平(全氮含量<0.8 g/kg)。表明 G 镇苹果园土壤中全氮含量整体水平较低,亟待进一步提高,Ⅲ级点位土壤特别需要注意含氮肥料的合理施用,提高整体氮含量,更要注意氮肥与有机肥料配合使用,以提高土壤整体肥力。

表 5-4-11　G 镇土壤全氮含量分级情况［按《绿色食品 产地环境质量》(NY/T 391—2021)］

级别	分级描述	分级指标/(g/kg)	点位/个	占比/%
Ⅰ级	丰富	>1.0	1	20.0
Ⅱ级	尚可	0.8~1.0	0	0
Ⅲ级	低于临界值	<0.8	4	80.0
合计	—	—	5	—

5.4.2.2　W 乡

参照《绿色食品 产地环境质量》(NY/T 391—2021)的要求,对 W 乡苹果产地环境土壤全氮含量进行分级,结果见表 5-4-12。总体来说,监测区域内 6 个苹果园土壤点位中,有 5 个点位土壤全氮含量大于 1.0 g/kg,1 个点位土壤全氮含量小于 0.8 g/kg,即监测区域内苹果园土壤点位中,83.3%土壤全氮含量丰富,处于Ⅰ级水平(全氮含量>1.0 g/kg);16.7%土壤全氮含量低于临界值,处于Ⅲ级水平(全氮含量<0.8 g/kg)。表明 W 乡苹果园土壤中全氮含量整体水平较高,个别Ⅲ级点位土壤要注意含氮肥料的合理施用,更要注重氮肥与有机肥料配合使用,以提高土壤整体肥力。

表 5-4-12　W 乡土壤全氮含量分级情况［按《绿色食品 产地环境质量》(NY/T 391—2021)］

级别	分级描述	分级指标/(g/kg)	点位/个	占比/%
Ⅰ级	丰富	>1.0	5	83.3
Ⅱ级	尚可	0.8~1.0	0	0
Ⅲ级	低于临界值	<0.8	1	16.7
合计	—	—	6	—

5.4.2.3　S 乡

参照《绿色食品 产地环境质量》(NY/T 391—2021)的要求,对 S 乡苹果产地环境土壤全氮含量进行分级,结果见表 5-4-13。总体来说,监测区域内 56 个苹果园土壤点位中,有 22 个点位土壤全氮含量大于 1.0 g/kg,17 个点位土壤全氮含量在 0.8~1.0 g/kg,17 个点位土壤全氮含量小于 0.8 g/kg,即监测区域内苹果园土壤点位中,39.2%土壤全氮含量丰富,处于Ⅰ级水平(全氮含量>1.0 g/kg);30.4%土壤全氮含量尚可,处于Ⅱ级水平(全氮含量 0.8~1.0 g/kg);30.4%土壤全氮含量低于临界值,处于Ⅲ级水平(全氮含量<0.8 g/kg)。表明 S 乡苹果园土壤中全氮含量整体水平较高,但Ⅱ级、Ⅲ级点位土壤需要注意含氮肥料的合理施用,提高整体氮含量,更要注意氮肥与有机肥料配合使用,以提高土壤整体肥力。

表 5-4-13　S 乡土壤全氮含量分级情况［按《绿色食品 产地环境质量》(NY/T 391—2021)］

级别	分级描述	分级指标/(g/kg)	点位/个	占比/%
Ⅰ级	丰富	>1.0	22	39.2
Ⅱ级	尚可	0.8~1.0	17	30.4
Ⅲ级	低于临界值	<0.8	17	30.4
合计	—	—	56	—

5.4.2.4　J 镇

参照《绿色食品 产地环境质量》(NY/T 391—2021)的要求,对 J 镇苹果产地环境土壤全氮含量进行分级,结果见表 5-4-14。总体来说,监测区域内 8 个苹果园土壤点位中,有 1 个点位土壤全氮含量大于 1.0 g/kg,7 个点位土壤全氮含量小于 0.8 g/kg,即监测区域内苹果园土壤点位中,12.5%土壤全氮含量丰富,处于Ⅰ级水平(全氮含量>1.0 g/kg);87.5%土壤全氮含量低于临界值,处于Ⅲ级水平(全氮含量<0.8 g/kg)。表明 J 镇苹果园土壤中全氮含量整体水平非常低,亟待进一步提高,Ⅲ级点位土壤特别需要注意含氮肥料的合理施用,提高整体氮含量,更要注意氮肥与有机肥料配合使用,以提高土壤整体肥力。

表 5-4-14　J 镇土壤全氮含量分级情况［按《绿色食品 产地环境质量》(NY/T 391—2021)］

级别	分级描述	分级指标/(g/kg)	点位/个	占比/%
Ⅰ级	丰富	>1.0	1	12.5
Ⅱ级	尚可	0.8~1.0	0	0
Ⅲ级	低于临界值	<0.8	7	87.5
合计	—	—	8	—

5.4.2.5　C 乡

参照《绿色食品 产地环境质量》(NY/T 391—2021)的要求,对 C 乡苹果产地环境土壤全氮含量进行分级,结果见表 5-4-15。总体来说,监测区域内 12 个苹果园土壤点位中,有 8 个点位土壤全氮含量大于 1.0 g/kg,4 个点位土壤全氮含量小于 0.8 g/kg,即监测区域内苹果园土壤点位中,66.7%土壤全氮含量丰富,处于Ⅰ级水平(全氮含量>1.0 g/kg);33.3%土壤全氮含量低于临界值,处于Ⅲ级水平(全氮含量<0.8 g/kg)。表明 C 乡苹果园土壤中全氮含量不均衡,Ⅲ级点位土壤要特别注意含氮肥料的合理施用,提高整体氮含量,更要注意氮肥与有机肥料配合使用,以提高土壤整体肥力。

表 5-4-15 C 乡土壤全氮含量分级情况 [按《绿色食品 产地环境质量》(NY/T 391—2021)]

级别	分级描述	分级指标/(g/kg)	点位/个	占比/%
Ⅰ级	丰富	>1.0	8	66.7
Ⅱ级	尚可	0.8~1.0	0	0
Ⅲ级	低于临界值	<0.8	4	33.3
合计	—		12	—

5.4.2.6 K 乡

参照《绿色食品 产地环境质量》(NY/T 391—2021) 的要求,对 K 乡苹果产地环境土壤全氮含量进行分级,结果见表 5-4-16。总体来说,监测区域内 2 个苹果园土壤点位土壤全氮含量均小于 0.8 g/kg,即监测区域内苹果园土壤点位土壤全氮含量均低于临界值,处于Ⅲ级水平(全氮含量<0.8 g/kg)。表明 K 乡苹果园土壤中全氮含量整体水平非常低,要特别注意含氮肥料的合理施用,提高整体氮含量,更要注意氮肥与有机肥料配合使用,以提高土壤整体肥力。

表 5-4-16 K 乡土壤全氮含量分级情况 [按《绿色食品 产地环境质量》(NY/T 391—2021)]

级别	分级描述	分级指标(g/kg)	点位/个	占比/%
Ⅰ级	丰富	>1.0	0	0
Ⅱ级	尚可	0.8~1.0	0	0
Ⅲ级	低于临界值	<0.8	2	100.0
合计	—		2	—

5.4.2.7 P 镇

参照《绿色食品 产地环境质量》(NY/T 391—2021) 的要求,对 P 镇苹果产地环境土壤全氮含量进行分级,结果见表 5-4-17。总体来说,监测区域内 5 个苹果园土壤点位中,有 1 个点位土壤全氮含量大于 1.0 g/kg,4 个点位土壤全氮含量小于 0.8 g/kg,即监测区域内苹果园土壤点位中,20.0%土壤全氮含量丰富,处于Ⅰ级水平(全氮含量>1.0 g/kg);80.0%土壤全氮含量低于临界值,处于Ⅲ级水平(全氮含量<0.8 g/kg)。表明 P 镇苹果园土壤中全氮含量整体水平非常低,亟待进一步提高,Ⅲ级点位土壤要注意含氮肥料的合理施用,提高整体氮含量,更要注意氮肥与有机肥料配合使用,以提高土壤整体肥力。

5.4.2.8 Z 镇

参照《绿色食品 产地环境质量》(NY/T 391—2021) 的要求,对 Z 镇苹果产地环境土壤全氮含量进行分级,结果见表 5-4-18。总体来说,监测区域内 2 个苹果园土壤点位土壤全氮含量均大于 1.0 g/kg,即监测区域内苹果园土壤点位土壤全氮含量丰富,均处于Ⅰ级水平(全氮含量>1.0 g/kg)。表明 Z 镇苹果园土壤中全氮含量整体水平较高,应适当注意氮肥与有机肥料配合使用。

表 5-4-17　P 镇土壤全氮含量分级情况[按《绿色食品 产地环境质量》(NY/T 391—2021)]

级别	分级描述	分级指标/(g/kg)	点位/个	占比/%
Ⅰ级	丰富	>1.0	1	20.0
Ⅱ级	尚可	0.8~1.0	0	0
Ⅲ级	低于临界值	<0.8	4	80.0
合计	—	—	5	—

表 5-4-18　Z 镇土壤全氮含量分级情况[按《绿色食品 产地环境质量》(NY/T 391—2021)]

级别	分级描述	分级指标/(g/kg)	点位/个	占比/%
Ⅰ级	丰富	>1.0	2	100.0
Ⅱ级	尚可	0.8~1.0	0	0
Ⅲ级	低于临界值	<0.8	0	0
合计	—	—	2	—

5.4.3　有效磷

参照《绿色食品 产地环境质量》(NY/T 391—2021)的要求,对 L 市苹果产地环境土壤有效磷含量进行分级,结果见表 5-4-19。总体来说,监测区域内 96 个苹果园土壤点位中,有 82 个点位土壤有效磷含量大于 10 mg/kg,11 个点位土壤有效磷含量在 5~10 mg/kg,3 个点位土壤有效磷含量小于 5 mg/kg,即监测区域内苹果园土壤点位中,85.4%土壤有效磷含量丰富,处于Ⅰ级水平(有效磷含量>10 mg/kg);11.5%土壤有效磷含量尚可,处于Ⅱ级水平(有效磷含量 5~10 mg/kg);3.1%土壤有效磷含量低于临界值,处于Ⅲ级水平(有效磷含量<5 mg/kg)。表明 L 市苹果园土壤中有效磷含量整体水平较高,土壤中磷含量基本能够保障苹果正常生长的需要,大部分区域不必刻意加大磷肥的投入。

表 5-4-19　全市区域土壤有效磷含量分级情况[按《绿色食品 产地环境质量》(NY/T 391—2021)]

级别	分级描述	分级指标/(mg/kg)	点位/个	占比/%
Ⅰ级	丰富	>10	82	85.4
Ⅱ级	尚可	5~10	11	11.5
Ⅲ级	低于临界值	<5	3	3.1
合计	—	—	96	—

5.4.3.1 G 镇

参照《绿色食品 产地环境质量》(NY/T 391—2021)的要求,对 G 镇苹果产地环境土壤有效磷含量进行分级,结果见表 5-4-20。总体来说,监测区域内 5 个苹果园土壤点位中,有 1 个点位土壤有效磷含量大于 10 mg/kg,2 个点位土壤有效磷含量在 5~10 mg/kg,2 个点位土壤有效磷含量小于 5 mg/kg,即监测区域内苹果园土壤点位中,20.0%土壤有效磷含量丰富,处于 Ⅰ 级水平(有效磷含量>10 mg/kg);40.0%土壤有效磷含量尚可,处于 Ⅱ 级水平(有效磷含量 5~10 mg/kg);40.0%土壤有效磷含量低于临界值,处于 Ⅲ 级水平(有效磷含量<5 mg/kg)。表明 G 镇苹果园土壤中有效磷含量整体水平一般,大部分区域土壤中需加大磷肥的投入,以保障苹果正常生长的需要。

表 5-4-20　G 镇土壤有效磷含量分级情况[按《绿色食品 产地环境质量》(NY/T 391—2021)]

级别	分级描述	分级指标/(mg/kg)	点位/个	占比/%
Ⅰ 级	丰富	>10	1	20.0
Ⅱ 级	尚可	5~10	2	40.0
Ⅲ 级	低于临界值	<5	2	40.0
合计	—	—	5	—

5.4.3.2 W 乡

参照《绿色食品 产地环境质量》(NY/T 391—2021)的要求,对 W 乡苹果产地环境土壤有效磷含量进行分级,结果见表 5-4-21。总体来说,监测区域内 6 个苹果园土壤点位中,有 5 个点位土壤有效磷含量大于 10 mg/kg,1 个点位土壤有效磷含量在 5~10 mg/kg,即监测区域内苹果园土壤点位中,83.3%土壤有效磷含量丰富,处于 Ⅰ 级水平(有效磷含量>10 mg/kg);16.7%土壤有效磷含量尚可,处于 Ⅱ 级水平(有效磷含量 5~10 mg/kg)。表明 W 乡苹果园土壤中有效磷含量整体水平较高,土壤中磷含量基本能够保障苹果正常生长的需要,大部分区域不必刻意加大磷肥的投入。

表 5-4-21　W 乡土壤有效磷含量分级情况[按《绿色食品 产地环境质量》(NY/T 391—2021)]

级别	分级描述	分级指标/(mg/kg)	点位/个	占比/%
Ⅰ 级	丰富	>10	5	83.3
Ⅱ 级	尚可	5~10	1	16.7
Ⅲ 级	低于临界值	<5	0	0
合计	—	—	6	—

5.4.3.3 S 乡

参照《绿色食品 产地环境质量》(NY/T 391—2021)的要求,对 S 乡苹果产地环境土壤有效磷含量进行分级,结果见表 5-4-22。总体来说,监测区域内 56 个苹果园土壤点位中,有 52 个点位土壤有效磷含量大于 10 mg/kg,3 个点位土壤有效磷含量在 5~10 mg/kg,1 个点位土壤有效磷含量小于 5 mg/kg,即监测区域内苹果园土壤点位中,92.8% 土壤有效磷含量丰富,处于 I 级水平(有效磷含量>10 mg/kg);5.4% 土壤有效磷含量尚可,处于 II 级水平(有效磷含量 5~10 mg/kg);1.8% 土壤有效磷含量低于临界值,处于 III 级水平(有效磷含量<5 mg/kg)。表明 S 乡苹果园土壤中有效磷含量整体水平较高,土壤中磷含量基本能够保障苹果正常生长的需要,大部分区域不必刻意加大磷肥的投入。

表 5-4-22　S 乡土壤有效磷含量分级情况 [按《绿色食品 产地环境质量》(NY/T 391—2021)]

级别	分级描述	分级指标/(mg/kg)	点位/个	占比/%
I 级	丰富	>10	52	92.8
II 级	尚可	5~10	3	5.4
III 级	低于临界值	<5	1	1.8
合计	—	—	56	—

5.4.3.4　J 镇

参照《绿色食品 产地环境质量》(NY/T 391—2021) 的要求,对 J 镇苹果产地环境土壤有效磷含量进行分级,结果见表 5-4-23。总体来说,监测区域内 8 个苹果园土壤点位中,有 6 个点位土壤有效磷含量大于 10 mg/kg,2 个点位土壤有效磷含量在 5~10 mg/kg,即监测区域内苹果园土壤点位中,75.0% 土壤有效磷含量丰富,处于 I 级水平(有效磷含量>10 mg/kg);25.0% 土壤有效磷含量尚可,处于 II 级水平(有效磷含量 5~10 mg/kg)。表明 J 镇苹果园土壤中有效磷含量整体水平较高,土壤中磷含量基本能够保障苹果正常生长的需要,大部分区域不必刻意加大磷肥的投入。

表 5-4-23　J 镇土壤有效磷含量分级情况 [按《绿色食品 产地环境质量》(NY/T 391—2021)]

级别	分级描述	分级指标/(mg/kg)	点位/个	占比/%
I 级	丰富	>10	6	75.0
II 级	尚可	5~10	2	25.0
III 级	低于临界值	<5	0	0
合计	—	—	8	—

5.4.3.5　C 乡

参照《绿色食品 产地环境质量》(NY/T 391—2021) 的要求,对 C 乡苹果产地环境土壤有效磷含量进行分级,结果见表 5-4-24。总体来说,监测区域内 12 个苹果园土壤点位中,有 9 个点位土壤有效磷含量大于 10 mg/kg,3 个点位土壤有效磷含量在 5~10 mg/kg,

即监测区域内苹果园土壤点位中,75.0%土壤有效磷含量丰富,处于Ⅰ级水平(有效磷含量>10 mg/kg);25.0%土壤有效磷含量尚可,处于Ⅱ级水平(有效磷含量5~10 mg/kg)。表明C乡苹果园土壤中有效磷含量整体水平较高,土壤中磷含量基本能够保障苹果正常生长的需要,大部分区域不必刻意加大磷肥的投入。

表5-4-24　C乡土壤有效磷含量分级情况[按《绿色食品 产地环境质量》(NY/T 391—2021)]

级别	分级描述	分级指标/(mg/kg)	点位/个	占比/%
Ⅰ级	丰富	>10	9	75.0
Ⅱ级	尚可	5~10	3	25.0
Ⅲ级	低于临界值	<5	0	0
合计	—	—	12	—

5.4.3.6　K乡

参照《绿色食品 产地环境质量》(NY/T 391—2021)的要求,对K乡苹果产地环境土壤有效磷含量进行分级,结果见表5-4-25。总体来说,监测区域内2个苹果园土壤点位土壤有效磷含量均大于10 mg/kg,即监测区域内苹果园土壤点位土壤有效磷含量丰富,均处于Ⅰ级水平(有效磷含量>10 mg/kg)。表明K乡苹果园土壤中有效磷含量整体水平较高,土壤中磷含量基本能够保障苹果正常生长的需要,大部分区域不必刻意加大磷肥的投入。

表5-4-25　K乡土壤有效磷含量分级情况[按《绿色食品 产地环境质量》(NY/T 391—2021)]

级别	分级描述	分级指标/(mg/kg)	点位/个	占比/%
Ⅰ级	丰富	>10	2	100.0
Ⅱ级	尚可	5~10	0	0
Ⅲ级	低于临界值	<5	0	0
合计	—	—	2	—

5.4.3.7　P镇

参照《绿色食品 产地环境质量》(NY/T 391—2021)的要求,对P镇苹果产地环境土壤有效磷含量进行分级,结果见表5-4-26。总体来说,监测区域内5个苹果园土壤点位土壤有效磷含量均大于10 mg/kg,即监测区域内苹果园土壤点位土壤有效磷含量丰富,均处于Ⅰ级水平(有效磷含量>10 mg/kg)。表明P镇苹果园土壤中有效磷含量整体水平较高,土壤中磷含量基本能够保障苹果正常生长的需要,大部分区域不必刻意加大磷肥的投入。

表 5-4-26　P 镇土壤有效磷含量分级情况[按《绿色食品 产地环境质量》(NY/T 391—2021)]

级别	分级描述	分级指标/(mg/kg)	点位/个	占比/%
Ⅰ级	丰富	>10	5	100.0
Ⅱ级	尚可	5~10	0	0
Ⅲ级	低于临界值	<5	0	0
合计	—	—	5	—

5.4.3.8　Z镇

参照《绿色食品 产地环境质量》(NY/T 391—2021)的要求,对 Z 镇苹果产地环境土壤有效磷含量进行分级,结果见表 5-4-27。总体来说,监测区域内 2 个苹果园土壤点位土壤有效磷含量均大于 10 mg/kg,即监测区域内苹果园土壤点位土壤有效磷含量丰富,均处于Ⅰ级水平(有效磷含量>10 mg/kg)。表明 Z 镇苹果园土壤中有效磷含量整体水平较高,土壤中磷含量基本能够保障苹果正常生长的需要,大部分区域不必刻意加大磷肥的投入。

表 5-4-27　Z 镇土壤有效磷含量分级情况[按《绿色食品 产地环境质量》(NY/T 391—2021)]

级别	分级描述	分级指标/(mg/kg)	点位/个	占比/%
Ⅰ级	丰富	>10	2	100.0
Ⅱ级	尚可	5~10	0	0
Ⅲ级	低于临界值	<5	0	0
合计	—	—	2	—

5.4.4　速效钾

参照《绿色食品 产地环境质量》(NY/T 391—2021)的要求,对 L 市苹果产地环境土壤速效钾含量进行分级,结果见表 5-4-28。总体来说,监测区域内 96 个苹果园土壤点位土壤速效钾含量均大于 100 mg/kg,即监测区域内苹果园土壤点位土壤速效钾含量丰富,均处于Ⅰ级水平(速效钾含量>100 mg/kg),没有速效钾含量尚可、处于Ⅱ级水平(速效钾含量 50~100 mg/kg)的土壤点位,以及速效钾含量低于临界值、处于Ⅲ级水平(速效钾含量<50 mg/kg)的土壤点位。表明 L 市苹果园土壤中速效钾含量整体水平非常高,土壤中钾含量基本能够保障苹果正常生长的需要,大部分区域不必刻意加大钾肥的投入。

表 5-4-28　全市区域土壤速效钾含量分级情况[按《绿色食品 产地环境质量》(NY/T 391—2021)]

级别	分级描述	分级指标/(mg/kg)	点位/个	占比/%
Ⅰ级	丰富	>100	96	100.0
Ⅱ级	尚可	50~100	0	0
Ⅲ级	低于临界值	<50	0	0
合计	—	—	96	—

5.4.4.1　G 镇

参照《绿色食品 产地环境质量》(NY/T 391—2021) 的要求,对 G 镇苹果产地环境土壤速效钾含量进行分级,结果见表 5-4-29。总体来说,监测区域内 5 个苹果园土壤点位土壤速效钾含量均大于 100 mg/kg,即监测区域内苹果园土壤点位土壤速效钾含量丰富,均处于Ⅰ级水平(速效钾含量>100 mg/kg),没有速效钾含量尚可、处于Ⅱ级水平(速效钾含量 50~100 mg/kg) 的土壤点位,以及速效钾含量低于临界值、处于Ⅲ级水平(速效钾含量<50 mg/kg) 的土壤点位。表明 G 镇苹果园土壤中速效钾含量整体水平非常高,土壤中钾含量基本能够保障苹果正常生长的需要,大部分区域不必刻意加大钾肥的投入。

表 5-4-29　G 镇土壤速效钾含量分级情况[按《绿色食品 产地环境质量》(NY/T 391—2021)]

级别	分级描述	分级指标/(mg/kg)	点位/个	占比/%
Ⅰ级	丰富	>100	5	100.0
Ⅱ级	尚可	50~100	0	0
Ⅲ级	低于临界值	<50	0	0
合计	—	—	5	—

5.4.4.2　W 乡

参照《绿色食品 产地环境质量》(NY/T 391—2021) 的要求,对 W 乡苹果产地环境土壤速效钾含量进行分级,结果见表 5-4-30。总体来说,监测区域内 6 个苹果园土壤点位土壤速效钾含量均大于 100 mg/kg,即监测区域内苹果园土壤点位土壤速效钾含量丰富,均处于Ⅰ级水平(速效钾含量>100 mg/kg),没有速效钾含量尚可、处于Ⅱ级水平(速效钾含量 50~100 mg/kg) 的土壤点位,以及速效钾含量低于临界值、处于Ⅲ级水平(速效钾含量<50 mg/kg) 的土壤点位。表明 W 乡苹果园土壤中速效钾含量整体水平非常高,土壤中钾含量基本能够保障苹果正常生长的需要,大部分区域不必刻意加大钾肥的投入。

表 5-4-30 W 乡土壤速效钾含量分级情况 [按《绿色食品 产地环境质量》(NY/T 391—2021)]

级别	分级描述	分级指标/(mg/kg)	点位/个	占比/%
Ⅰ 级	丰富	>100	6	100.0
Ⅱ 级	尚可	50~100	0	0
Ⅲ 级	低于临界值	<50	0	0
合计	—	—	6	—

5.4.4.3 S 乡

参照《绿色食品 产地环境质量》(NY/T 391—2021)的要求,对 S 乡苹果产地环境土壤速效钾含量进行分级,结果见表 5-4-31。总体来说,监测区域内 56 个苹果园土壤点位土壤速效钾含量均大于 100 mg/kg,即监测区域内苹果园土壤点位土壤速效钾含量丰富,均处于 Ⅰ 级水平(速效钾含量>100 mg/kg),没有速效钾含量尚可、处于 Ⅱ 级水平(速效钾含量 50~100 mg/kg)的土壤点位,以及速效钾含量低于临界值、处于 Ⅲ 级水平(速效钾含量<50 mg/kg)的土壤点位。表明 S 乡苹果园土壤中速效钾含量整体水平非常高,土壤中钾含量基本能够保障苹果正常生长的需要,大部分区域不必刻意加大钾肥的投入。

表 5-4-31 S 乡土壤速效钾含量分级情况 [按《绿色食品 产地环境质量》(NY/T 391—2021)]

级别	分级描述	分级指标/(mg/kg)	点位/个	占比/%
Ⅰ 级	丰富	>100	56	100.0
Ⅱ 级	尚可	50~100	0	0
Ⅲ 级	低于临界值	<50	0	0
合计	—	—	56	—

5.4.4.4 J 镇

参照《绿色食品 产地环境质量》(NY/T 391—2021)的要求,对 J 镇苹果产地环境土壤速效钾含量进行分级,结果见表 5-4-32。总体来说,监测区域内 8 个苹果园土壤点位土壤速效钾含量均大于 100 mg/kg,即监测区域内苹果园土壤点位土壤速效钾含量丰富,均处于 Ⅰ 级水平(速效钾含量>100 mg/kg),没有速效钾含量尚可、处于 Ⅱ 级水平(速效钾含量 50~100 mg/kg)的土壤点位,以及速效钾含量低于临界值、处于 Ⅲ 级水平(速效钾含量<50 mg/kg)的土壤点位。表明 J 镇苹果园土壤中速效钾含量整体水平非常高,土壤中钾含量基本能够保障苹果正常生长的需要,大部分区域不必刻意加大钾肥的投入。

表 5-4-32 J 镇土壤速效钾含量分级情况 [按《绿色食品 产地环境质量》(NY/T 391—2021)]

级别	分级描述	分级指标/(mg/kg)	点位/个	占比/%
Ⅰ级	丰富	>100	8	100.0
Ⅱ级	尚可	50~100	0	0
Ⅲ级	低于临界值	<50	0	0
合计	—	—	8	—

5.4.4.5 C 乡

参照《绿色食品 产地环境质量》(NY/T 391—2021) 的要求,对 C 乡苹果产地环境土壤速效钾含量进行分级,结果见表 5-4-33。总体来说,监测区域内 12 个苹果园土壤点位土壤速效钾含量均大于 100 mg/kg,即监测区域内苹果园土壤点位土壤速效钾含量丰富,均处于 Ⅰ 级水平(速效钾含量>100 mg/kg),没有速效钾含量尚可、处于 Ⅱ 级水平(速效钾含量 50~100 mg/kg)的土壤点位,以及速效钾含量低于临界值、处于 Ⅲ 级水平(速效钾含量<50 mg/kg)的土壤点位。表明 C 乡苹果园土壤中速效钾含量整体水平非常高,土壤中钾含量基本能够保障苹果正常生长的需要,大部分区域不必刻意加大钾肥的投入。

表 5-4-33 C 乡土壤速效钾含量分级情况 [按《绿色食品 产地环境质量》(NY/T 391—2021)]

级别	分级描述	分级指标/(mg/kg)	点位/个	占比/%
Ⅰ级	丰富	>100	12	100.0
Ⅱ级	尚可	50~100	0	0
Ⅲ级	低于临界值	<50	0	0
合计	—	—	12	—

5.4.4.6 K 乡

参照《绿色食品 产地环境质量》(NY/T 391—2021) 的要求,对 K 乡苹果产地环境土壤速效钾含量进行分级,结果见表 5-4-34。总体来说,监测区域内 2 个苹果园土壤点位土壤速效钾含量均大于 100 mg/kg,即监测区域内苹果园土壤点位中,土壤速效钾含量丰富,均处于 Ⅰ 级水平(速效钾含量>100 mg/kg),没有速效钾含量尚可、处于 Ⅱ 级水平(速效钾含量 50~100 mg/kg)的土壤点位,以及速效钾含量低于临界值、处于 Ⅲ 级水平(速效钾含量<50 mg/kg)的土壤点位。表明 K 乡苹果园土壤中速效钾含量整体水平非常高,土壤中钾含量基本能够保障苹果正常生长的需要,大部分区域不必刻意加大钾肥的投入。

表 5-4-34　K 乡土壤速效钾含量分级情况［按《绿色食品 产地环境质量》(NY/T 391—2021) ］

级别	分级描述	分级指标/(mg/kg)	点位/个	占比/%
Ⅰ 级	丰富	>100	2	100.0
Ⅱ 级	尚可	50～100	0	0
Ⅲ 级	低于临界值	<50	0	0
合计	—	—	2	—

5.4.4.7　P 镇

参照《绿色食品 产地环境质量》(NY/T 391—2021)的要求,对 P 镇苹果产地环境土壤速效钾含量进行分级,结果见表 5-4-35。总体来说,监测区域内 5 个苹果园土壤点位土壤速效钾含量均大于 100 mg/kg,即监测区域内苹果园土壤点位土壤速效钾含量丰富,均处于 Ⅰ 级水平(速效钾含量>100 mg/kg),没有速效钾含量尚可、处于 Ⅱ 级水平(速效钾含量 50～100 mg/kg)的土壤点位,以及速效钾含量低于临界值、处于 Ⅲ 级水平(速效钾含量<50 mg/kg)的土壤点位表。明 P 镇苹果园土壤中速效钾含量整体水平非常高,土壤中钾含量基本能够保障苹果正常生长的需要,大部分区域不必刻意加大钾肥的投入。

表 5-4-35　P 镇土壤速效钾含量分级情况［按《绿色食品 产地环境质量》(NY/T 391—2021) ］

级别	分级描述	分级指标/(mg/kg)	点位/个	占比/%
Ⅰ 级	丰富	>100	5	100.0
Ⅱ 级	尚可	50～100	0	0
Ⅲ 级	低于临界值	<50	0	0
合计	—	—	5	—

5.4.4.8　Z 镇

参照《绿色食品 产地环境质量》(NY/T 391—2021)的要求,对 Z 镇苹果产地环境土壤速效钾含量进行分级,结果见表 5-4-36。总体来说,监测区域内 2 个苹果园土壤点位土壤速效钾含量均大于 100 mg/kg,即监测区域内苹果园土壤点位土壤速效钾含量丰富,均处于 Ⅰ 级水平(速效钾含量>100 mg/kg),没有速效钾含量尚可、处于 Ⅱ 级水平(速效钾含量 50～100 mg/kg)的土壤点位,以及速效钾含量低于临界值、处于 Ⅲ 级水平(速效钾含量<50 mg/kg)的土壤点位。表明 Z 镇苹果园土壤中速效钾含量整体水平非常高,土壤中钾含量基本能够保障苹果正常生长的需要,大部分区域不必刻意加大钾肥的投入。

表 5-4-36　Z 镇土壤速效钾含量分级情况[按《绿色食品 产地环境质量》(NY/T 391—2021)]

级别	分级描述	分级指标/(mg/kg)	点位/个	占比/%
Ⅰ级	丰富	>100	2	100.0
Ⅱ级	尚可	50~100	0	0
Ⅲ级	低于临界值	<50	0	0
合计	—	—	2	—

5.5　苹果园土壤基本肥力评价小结

5.5.1　土壤基本肥力指标含量与分布特征

5.5.1.1　土壤 pH

L 市苹果园土壤 pH 总体为 4.0~8.5,平均值为 7.6,中位值为 7.7,变异系数 9.6%。就平均值来说,不同乡镇果园土壤 pH 差异不太明显,平均值从大到小依次为:W 乡、J 镇(pH=7.9)>G 镇、K 乡(pH=7.8)>C 乡、P 镇、Z 镇(pH=7.7)>全市区域(pH=7.6)>S 乡(pH=7.5)。该区域内土壤 pH 为弱变异性,表明各区域内各采样点 pH 受外界影响程度非常低。

5.5.1.2　土壤有机质

L 市苹果园土壤有机质含量总体为 5.6~43.4 g/kg,平均值为 18.6 g/kg,中位值为 16.3 g/kg,变异系数 40.0%。就平均值来说,不同乡镇果园土壤有机质含量差异较大,平均值从大到小依次为:Z 镇(34.9 g/kg)>W 乡(27.6 g/kg)>C 乡(22.3 g/kg)>全市区域(18.6 g/kg)>S 乡(17.4 g/kg)>G 镇(16.1 g/kg)、J 镇(16.1 g/kg)>P 镇(14.9 g/kg)>K 乡(13.9 g/kg)。该区域内土壤有机质含量为中等变异性,表明各区域内各采样点有机质含量受外界影响程度较大,但各个采样区域总体情况不尽相同,其中 J 镇土壤有机质含量变异程度最大(变异系数 43.1%),其余乡镇土壤有机质含量变异程度相对较小(变异系数均在 16.9% 与 41.6% 之间),但均属于中等变异性。

5.5.1.3　土壤全氮

L 市苹果园土壤全氮含量总体为 0.083~2.330 g/kg,平均值为 0.973 g/kg,中位值为 0.9 g/kg,变异系数为 47.8%。就平均值来说,不同乡镇果园土壤全氮含量差异非常大,平均值从大到小依次为:W 乡(1.586 g/kg)>Z 镇(1.515 g/kg)>C 乡(1.131 g/kg)>全市区域(0.973 g/kg)>S 乡(0.960 g/kg)>G 镇(0.711 g/kg)>J 镇(0.700 g/kg)>K 乡(0.649 g/kg)>P 镇(0.622 g/kg)。该区域内土壤全氮含量为中等变异性,表明各区域内各采样点全氮含量受外界影响程度较大。

5.5.1.4　土壤有效磷

L 市苹果园土壤有效磷含量总体为 3.2~664.2 mg/kg,平均值为 73.7 mg/kg,中位值为 38.1 mg/kg,变异系数为 129.0%。就平均值来说,不同乡镇果园土壤有效磷含量差异非常大,平均值从大到小依次为:Z 镇(101.5 mg/kg)>S 乡(84.4 mg/kg)>P 镇(76.9 mg/kg)>C 乡(74.5 mg/kg)>全市区域(73.7 mg/kg)>W 乡(70.0 mg/kg)>J 镇(30.7 mg/kg)>G 镇(30.2 mg/kg)>K 乡(24.7 mg/kg)。该区域内土壤有效磷含量为强变异性,表明各区域内各采样点有效磷含量受外界影响程度非常大。

5.5.1.5　土壤速效钾

L 市苹果园土壤速效钾含量总体为 104~1 028 mg/kg,平均值为 412 mg/kg,中位值为 349 mg/kg,变异系数为 58.8%。就平均值来说,不同乡镇果园土壤速效钾含量差异非常大,平均值从大到小依次为:W 乡(555 mg/kg)>Z 镇(516 mg/kg)>S 乡(449 mg/kg)>全市区域(412 mg/kg)>C 乡(386 mg/kg)>P 镇(337 mg/kg)>J 镇(300 mg/kg)>G 镇(198 mg/kg)>K 乡(167 mg/kg)。该区域内土壤速效钾含量为中等变异性,表明各区域内各采样点速效钾含量受外界影响程度较大。

5.5.2　基本肥力分等分级评价

按照我国第二次土壤普查分级标准,L 市苹果产地环境土壤基本肥力如下。

5.5.2.1　土壤 pH

监测区域内 96 个苹果园土壤点位中,有 1 个点位土壤 pH 小于 4.5,3 个点位土壤 pH 处于 4.5~5.5,3 个点位土壤 pH 处于 5.5~6.5,24 个点位土壤 pH 处于 6.5~7.5,65 个点位土壤 pH 处于 7.5~8.5,没有 pH 大于 8.5 的土壤点位,即监测区域内苹果产地环境土壤点位中,1.1%属于强酸性土壤(pH<4.5),3.1%属于酸性土壤(pH=4.5~5.5),3.1%属于微酸性土壤(pH=5.5~6.5),25.0%属于中性土壤(pH=6.5~7.5),67.7%属于弱碱性土壤(pH=7.5~8.5),没有碱性土壤(pH>8.5)。不同区域苹果产地环境土壤酸碱度分级结果略有差异。

5.5.2.2　土壤有机质

监测区域内 96 个苹果园土壤点位中,有 1 个点位土壤有机质含量大于 40 g/kg,有 9 个点位土壤有机质含量处于 30~40 g/kg,有 22 个点位土壤有机质含量处于 20~30 g/kg,有 58 个点位土壤有机质含量处于 10~20 g/kg,有 5 个点位土壤有机质含量处于 6~10 g/kg,有 1 个点位土壤有机质含量小于 6 g/kg,即监测区域内苹果园中土壤点位中,1.0%有机质含量丰富,处于一级水平(有机质含量>40 g/kg);9.4%有机质含量较丰富,处于二级水平(有机质含量 30~40 g/kg);23.0%有机质含量中等,处于三级水平(有机质含量 20~30 g/kg);60.4%有机质含量缺乏,处于四级水平(有机质含量 10~20 g/kg);5.2%有机质含量较缺,处于五级水平(有机质含量 6~10 g/kg);1.0%有机质含量极缺,处于六级水平(有机质含量<6 g/kg)。不同区域苹果产地环境土壤有机质含量分级结果存在一定的差异,表明 L 市苹果园土壤中有机质含量整体水平一般,处于较丰富与丰富水平的点位仅占 10.4%,66.6%的点位有机质含量处于缺乏、较缺甚至极缺的水平,建议要特别注重加强有机肥的施用。

5.5.2.3　土壤全氮

监测区域内 96 个苹果园土壤点位中,有 3 个点位土壤全氮含量大于 2.0 g/kg,有 12

个点位土壤全氮含量在 1.5~2.0 g/kg,有 25 个点位土壤全氮含量在 1.0~1.5 g/kg,有 20 个点位土壤全氮含量在 0.75~1.0 g/kg,有 26 个点位土壤全氮含量在 0.5~0.75 g/kg,有 10 个点位土壤全氮含量小于 0.5 g/kg,即监测区域内苹果园中,3.1% 土壤全氮含量丰富,处于一级水平(全氮含量>2.0 g/kg);12.5% 土壤全氮含量较丰富,处于二级水平(全氮含量 1.5~2.0 g/kg);26.1% 土壤全氮含量中等,处于三级水平(全氮含量 1.0~1.5 g/kg);20.8% 土壤全氮含量缺乏,处于四级水平(全氮含量 0.75~1.0 g/kg);27.1% 土壤全氮含量较缺,处于五级水平(全氮含量 0.5~0.75 g/kg);10.4% 土壤全氮含量极缺,处于六级水平(全氮含量<0.5 g/kg)。不同区域苹果园土壤全氮含量分级结果存在一定的差异,表明 L 市苹果园土壤中全氮含量整体水平一般,处于较丰富或丰富水平的点位仅占 15.6%,58.3% 的点位全氮含量处于缺乏、较缺甚至极缺的水平,建议要注意含氮肥料的合理施用,提高整体氮含量,更要注意氮肥与有机肥料配合使用,以提高土壤整体肥力。

5.5.2.4 土壤有效磷

监测区域内 96 个苹果园土壤点位中,有 47 个点位土壤有效磷含量大于 40 mg/kg,有 21 个点位土壤有效磷含量在 20~40 mg/kg,有 14 个点位土壤有效磷含量在 10~20 mg/kg,有 11 个点位土壤有效磷含量在 5~10 mg/kg,有 3 个点位土壤有效磷含量在 3~5 mg/kg,即监测区域内苹果园土壤点位中,49.0% 土壤有效磷含量丰富,处于一级水平(有效磷含量>40 mg/kg);21.9% 土壤有效磷含量较丰富,处于二级水平(有效磷含量 20~40 mg/kg);14.6% 土壤有效磷含量中等,处于三级水平(有效磷含量 10~20 mg/kg);11.4% 土壤有效磷含量缺乏,处于四级水平(有效磷含量 5~10 mg/kg);3.1% 土壤有效磷含量较缺,处于五级水平(有效磷含量 3~5 mg/kg);没有土壤有效磷含量极缺,处于六级水平(有效磷含量<3 mg/kg)的点位。不同区域苹果园土壤有效磷含量分级结果存在一定差异,表明 L 市苹果园土壤中有效磷含量整体水平较高,处于较丰富或丰富水平的点位占比 70.9%,仅 14.5% 的点位有效磷含量处于缺乏、较缺水平,多数土壤中磷含量基本能够保障苹果正常生长的需要,不必刻意加大磷肥的投入。

5.5.2.5 土壤速效钾

监测区域内 96 个苹果园土壤点位中,有 76 个点位土壤速效钾含量大于 200 mg/kg,有 13 个点位土壤速效钾含量在 150~200 mg/kg,有 7 个点位土壤速效钾含量在 100~150 mg/kg,即监测区域内苹果园土壤点位中,79.2% 土壤速效钾含量丰富,处于一级水平(速效钾含量>200 mg/kg);13.5% 土壤速效钾含量较丰富,处于二级水平(速效钾含量 150~200 mg/kg);7.3% 土壤速效钾含量中等,处于三级水平(速效钾含量 100~150 mg/kg);没有速效钾含量处于四级水平(速效钾含量 50~100 mg/kg)、五级水平(速效钾含量 30~50 mg/kg)、六级水平(速效钾含量<30 mg/kg)的点位。不同区域苹果园土壤速效钾含量分级结果存在一定的差异,表明 L 市苹果园土壤中速效钾含量整体水平非常高,处于较丰富与丰富水平的点位占比 92.7%,仅 7.3% 的点位速效钾含量处于中等水平,土壤中钾素基本能够保障苹果正常生长的需要,大部分区域不必刻意加大钾肥的投入。

5.5.3 绿色食品产地环境质量适宜性评价结果

参照《绿色食品 产地环境质量》(NY/T 391—2021),L 市苹果园土壤基本肥力水平及建议如下。

5.5.3.1　土壤有机质

监测区域内 96 个苹果园土壤点位中,有 32 个点位土壤有机质含量大于 20 g/kg,有 30 个点位土壤有机质含量在 15~20 g/kg,有 34 个点位土壤有机质含量小于 15 g/kg,即监测区域内苹果园土壤点位中,33.3%土壤有机质含量丰富,处于 Ⅰ 级水平(有机质含量>20 g/kg);31.3%土壤有机质含量尚可,处于 Ⅱ 级水平(有机质含量 15~20 g/kg);35.4%土壤有机质含量低于临界值,处于 Ⅲ 级水平(有机质含量<15 g/kg)。表明 L 市苹果园土壤中有机质含量整体水平一般,有待进一步提高,建议加强有机肥的施用。

5.5.3.2　土壤全氮

监测区域内 96 个苹果园土壤点位中,有 40 个点位土壤全氮含量大于 1.0 g/kg,有 17 个点位土壤全氮含量在 0.8~1.0 g/kg,有 39 个点位土壤全氮含量小于 0.8 g/kg,即监测区域内苹果园土壤点位中,41.7%土壤全氮含量丰富,处于 Ⅰ 级水平(全氮含量>1.0 g/kg);17.7%土壤全氮含量尚可,处于 Ⅱ 级水平(全氮含量 0.8~1.0 g/kg);40.6%土壤全氮含量低于临界值,处于 Ⅲ 级水平(全氮含量<0.8 g/kg)。表明 L 市苹果园土壤中全氮含量整体水平一般,有待进一步提高;Ⅱ 级、Ⅲ 级点位土壤要注意含氮肥料的合理施用,提高整体氮含量,更要注意氮肥与有机肥料配合使用,以提高土壤整体肥力。

5.5.3.3　土壤有效磷

监测区域内 96 个苹果园土壤点位中,有 82 个点位土壤有效磷含量大于 10 mg/kg,有 11 个点位土壤有效磷含量在 5~10 mg/kg,有 3 个点位土壤有效磷含量小于 5 mg/kg,即监测区域内苹果园土壤点位中,85.4%土壤有效磷含量丰富,处于 Ⅰ 级水平(有效磷含量>10 mg/kg);11.5%土壤有效磷含量尚可,处于 Ⅱ 级水平(有效磷含量 5~10 mg/kg);3.1%土壤有效磷含量低于临界值,处于 Ⅲ 级水平(有效磷含量<5 mg/kg)。表明 L 市苹果园土壤中有效磷含量整体水平较高,土壤中磷含量基本能够保障苹果正常生长的需要,大部分区域不必刻意加大磷肥的投入。

5.5.3.4　土壤速效钾

监测区域内 96 个苹果园土壤点位中,土壤速效钾含量均大于 100 mg/kg,即监测区域内苹果园土壤点位中,100.0%土壤速效钾含量丰富,处于 Ⅰ 级水平(速效钾含量>100 mg/kg)。表明 L 市苹果园土壤中速效钾含量整体水平非常高,土壤中钾含量基本能够保障苹果正常生长的需要,大部分区域不必刻意加大钾肥的投入。

参 考 文 献

[1] 中国苹果产业协会,国家苹果产业技术体系.2022年度中国苹果产业发展报告(总篇)[R].北京:中国苹果产业协会,2023.

[2] 中国环境保护局,中国环境监测总站.中国土壤元素背景值[M].北京:中国环境科学出版社,1990.

[3] 中国环境保护局,中国环境监测总站.中华人民共和国土壤环境背景值图集[M].北京:中国环境科学出版社,1994.

[4] 中华人民共和国生态环境部,国家市场监督管理总局.土壤环境质量 农用地土壤污染风险管控标准(试行):GB 15618—2018[S].北京:中国标准出版社,2018.

[5] 中华人民共和国农业农村部.绿色食品 产地环境调查、监测与评价规范:NY/T 1054—2021[S].北京:中国标准出版社,2021.

[6] 中华人民共和国农业农村部.绿色食品 产地环境质量:NY/T 391—2021[S].北京:中国标准出版社,2021.